高等学校计算机应用规划教材

计算机基础题解与上机指导

(第二版)

主　编　顾沈明　潘洪军　冯相忠

副主编　叶其宏　陈荣品　谭小球　章毓凤

清华大学出版社

北　京

内容简介

本书是与教材《计算机基础(第二版)》配套的题解与上机实验。其主要内容包括信息与计算机基础知识、Windows 操作系统、Word 文字处理软件、Excel 表格处理软件、PowerPoint 演示文稿软件、计算机网络基础知识、FrontPage 和 Dreamweaver 网页制作软件、Access 数据库管理软件、微机的组装与维护等内容的基本知识点和重点难点、习题、参考答案、上机实验练习指导，其中基本知识点和重点难点有利于对全书内容的宏观把握，多种类型的习题有利于从不同角度理解各知识点，上机实验练习指导有利于提高实践动手能力。

本书可作为高等院校本、专科各专业的学生学习计算机基础知识的辅助用书，也可供各类计算机培训班和个人学习使用。

图书在版编目(CIP)数据

计算机基础题解与上机指导/顾沈明 等主编. —2 版. —北京：清华大学出版社，2012.7

(高等学校计算机应用规划教材)

ISBN 978-7-302-29125-1

Ⅰ. ①计… Ⅱ. ①顾… Ⅲ. ①电子计算机—高等学校—教学参考资料 Ⅳ. ①TP3

中国版本图书馆 CIP 数据核字(2012)第 132294 号

责任编辑：胡辰浩　袁建华
装帧设计：牛艳敏
责任校对：成凤进
责任印制：王静怡

出版发行：清华大学出版社
　　网　　址：http://www.tup.com.cn，http://www.wqbook.com
　　地　　址：北京清华大学学研大厦 A 座　　**邮　　编**：100084
　　社 总 机：010-62770175　　**邮　　购**：010-62786544
　　投稿与读者服务：010-62776969，c-service@tup.tsinghua.edu.cn
　　质 量 反 馈：010-62772015，zhiliang@tup.tsinghua.edu.cn
印 刷 者：清华大学印刷厂
装 订 者：三河市溧源装订厂
经　　销：全国新华书店
开　　本：185mm×260mm　　**印　张**：13　　**字　　数**：300 千字
版　　次：2010 年 8 月第 1 版　　2012 年 7 月第 2 版　　**印　　次**：2012 年 7 月第 1 次印刷
印　　数：1～5000
定　　价：22.00 元

产品编号：046647-01

前　　言

《计算机基础》是学生学习计算机知识的入门课程，这门课的知识面广且实践性强，内容包括信息与计算机基础知识、Windows 操作系统、Word 文字处理软件、Excel 表格处理软件、PowerPoint 演示文稿软件、计算机网络基础知识、FrontPage 和 Dreamweaver 网页制作软件、Access 数据库管理软件、微机的组装与维护等。掌握了这门课的知识，对深入学习计算机知识作用很大。如何能在比较短的时间内，让学生掌握这门课的内容，是计算机教育工作者要研究的课题。许多学生在学习《计算机基础》知识时，面对厚厚的教材，往往抓不住应该掌握的知识点；许多学生感觉《计算机基础》中的一些题比较难回答；许多学生不清楚在上机实验时应该做些什么，以及如何做。编写此书的目的就是为学生掌握《计算机基础》知识提供帮助。

本书对《计算机基础》各章知识进行了梳理，给出了各章的基本知识点和重点难点内容，便于学生学习各章的内容，学生可以根据这些知识点来掌握各章的知识体系。本书收集了大量各种类型的习题，有单项选择题、双项或多项选择题、判断正误题、填空题、简答题，除一部分简答题外，其他每道题都提供了参考答案，供学生课后复习巩固课本知识时使用。本书结合各章内容，安排了一些上机实验练习，每个实验详细地给出了实验目的和实验内容以及实验的具体做法，通过这些上机实验练习，学生可以一步一步地学会各章要求的操作技术，提高实践动手能力。

本书可以和《计算机基础(第二版)》配套使用。本书涵盖了全国计算机等级考试以及浙江省计算机等级考试(一级)的内容，可以作为计算机等级考试(一级)的辅导材料之一。本书内容比较丰富，在教学过程中，可以根据课时和考试的具体要求，对本书的内容进行取舍。本书条理清楚，语言流畅，通俗易懂。本书可作为高等院校本、专科各专业的学生学习计算机基础知识的辅助用书，也可供各类计算机培训班和个人学习使用。

除主编和副主编外，参加本书编写的人员还有王广伟、亓常松、乐天、刘军、朱本浩、朱顺乐、毕振波、李慧、李鑫、江有福、吴远红、陈洪涛、陈雷、郑芸、杨永华、周桂云、张建科、张艳艳、张威、姚笑秋、徐妙君、黄海峰、崔振东、管林挺、项明等人。

由于编者水平有限，编写时间比较紧，书中难免有不当之处，敬请读者批评指正。我们的信箱为 huchenhao@263.net；电话为 010-62796045。

编　者

2012 年 5 月

前 言

目　　录

第 1 章　信息与计算机基础知识……1
1.1　基本知识点……1
1.2　重点及难点……3
1.3　习题……3
1.3.1　单项选择题……3
1.3.2　判断正误题……6
1.3.3　填空题……8
1.3.4　简答题……9
1.4　习题参考答案……10
1.4.1　单项选择题答案……10
1.4.2　判断正误题答案……10
1.4.3　填空题答案……10
1.4.4　简答题答案……11
1.5　上机实验练习……11
1.5.1　实验一 熟悉计算机的硬件组成……11
1.5.2　实验二 键盘的指法练习……12

第 2 章　Windows XP 操作系统……15
2.1　基本知识点……15
2.2　重点和难点……17
2.3　习题……18
2.3.1　单项选择题……18
2.3.2　判断正误题……26
2.3.3　填空题……27
2.3.4　简答题……28
2.4　习题参考答案……28
2.4.1　单项选择题答案……28
2.4.2　判断正误题答案……28
2.4.3　填空题答案……29
2.4.4　简答题答案……29
2.5　上机实验练习……29
2.5.1　实验一 Windows XP 基本操作……29
2.5.2　实验二 Windows XP 资源管理器的使用……30
2.5.3　实验三 Windows XP 的控制面板及环境设置……31
2.5.4　实验四 Windows XP 各种附件的使用……32
2.5.5　实验五 Windows 7 新特性操作……32

第 3 章　Word 文字处理软件……33
3.1　基本知识点……33
3.2　重点和难点……37
3.3　习题……37
3.3.1　单项选择题……37
3.3.2　双项选择题……44
3.3.3　填空题……46
3.3.4　判断正误题……47
3.3.5　简答题……48
3.4　习题参考答案……48
3.4.1　单项选择题答案……48
3.4.2　双项选择题答案……49
3.4.3　填空题答案……49
3.4.4　判断正误题答案……50
3.4.5　简答题答案……50
3.5　上机实验练习……50
3.5.1　实验一 Word 文档的基本编辑操作……50

3.5.2 实验二 Word 文档格式化的操作 ······ 51
3.5.3 实验三 Word 表格操作 ······ 53
3.5.4 实验四 Word 图文混排与页面排版 ······ 54

第 4 章 Excel 表格处理软件 ······ 57
4.1 基本知识点 ······ 57
4.2 重点和难点 ······ 60
4.3 习题 ······ 61
4.3.1 单项选择题 ······ 61
4.3.2 双项选择题 ······ 65
4.3.3 判断正误题 ······ 66
4.3.4 填空题 ······ 67
4.3.5 简答题 ······ 68
4.4 习题参考答案 ······ 68
4.4.1 单项选择题答案 ······ 68
4.4.2 双项选择题答案 ······ 69
4.4.3 判断正误题答案 ······ 69
4.4.4 填空题答案 ······ 69
4.4.5 简答题答案 ······ 69
4.5 上机实验练习 ······ 70
4.5.1 实验一 Excel 2003 的基本操作 ······ 70
4.5.2 实验二 Excel 2003 工作表格式化 ······ 72
4.5.3 实验三 Excel 2003 公式及常用函数的使用 ······ 74
4.5.4 实验四 Excel 2003 图表的使用及窗口的管理 ······ 75
4.5.5 实验五 Excel 2003 的数据管理操作及打印 ······ 76

第 5 章 PowerPoint 演示文稿软件 ······ 79
5.1 基本知识点 ······ 79
5.2 重点和难点 ······ 81
5.3 习题 ······ 81
5.3.1 单项选择题 ······ 81
5.3.2 判断正误题 ······ 83
5.3.3 填空题 ······ 83
5.3.4 简答题 ······ 84
5.4 习题参考答案 ······ 84
5.4.1 单项选择题答案 ······ 84
5.4.2 判断正误题答案 ······ 84
5.4.3 填空题答案 ······ 84
5.4.4 简答题答案 ······ 84
5.5 上机实验练习 ······ 85
5.5.1 实验一 演示文稿的建立 ······ 85
5.5.2 实验二 修饰与模板的使用 ······ 87
5.5.3 实验三 多媒体制作技术 ······ 90
5.5.4 实验四 超级链接技术 ······ 92
5.5.5 实验五 播放技术 ······ 94

第 6 章 计算机网络基础知识 ······ 97
6.1 基本知识点 ······ 97
6.2 重点与难点 ······ 100
6.3 习题 ······ 100
6.3.1 单项选择题 ······ 100
6.3.2 多项选择题 ······ 103
6.3.3 填空题 ······ 104
6.3.4 简答题 ······ 105
6.4 习题参考答案 ······ 105
6.4.1 单项选择题答案 ······ 105
6.4.2 多项选择题答案 ······ 105
6.4.3 填空题答案 ······ 105
6.4.4 简答题答案 ······ 105
6.5 上机实验练习 ······ 106
6.5.1 实验一 Internet 的接入 ······ 106
6.5.2 实验二 Internet Explorer 6.0 的使用及常见设置 ······ 112
6.5.3 实验三 电子邮件的发送与接收 ······ 115
6.5.4 实验四 搜索引擎的使用 ······ 122
6.5.5 实验五 文件的下载 ······ 123

第 7 章 网页制作软件介绍……127
7.1 基本知识点……127
7.2 重点与难点……130
7.3 习题……131
7.3.1 单项选择题……131
7.3.2 多项选择题……132
7.3.3 填空题……133
7.3.4 简答题……134
7.4 习题参考答案……134
7.4.1 单项选择题答案……134
7.4.2 多项选择题答案……135
7.4.3 填空题答案……135
7.4.4 简答题答案……135
7.5 上机实验练习……135
7.5.1 实验一 文本及图像操作……135
7.5.2 实验二 FrontPage 2003 的表格操作……138
7.5.3 实验三 网页中插入超链接与书签……143
7.5.4 实验四 网页表单的使用……146
7.5.5 实验五 创建和使用框架……147
7.5.6 实验六 动态效果制作……151
7.5.7 实验七 Dreamweaver 中文本与图像的操作……154
7.5.8 实验八 Dreamweaver 中超链接的应用……159
7.5.9 实验九 页面布局设计……163
第 8 章 Access 关系型数据库管理系统……175
8.1 基本知识点……175
8.2 重点和难点……177
8.3 习题……177
8.3.1 单项选择题……177
8.3.2 填空题……179
8.3.3 简答题……179
8.4 习题参考答案……180
8.4.1 单项选择题答案……180
8.4.2 填空题答案……180
8.4.3 简答题答案……180
8.5 上机实验练习……180
8.5.1 实验一 创建数据库……180
8.5.2 实验二 创建数据表……181
8.5.3 实验三 数据表中数据的操作……182
8.5.4 实验四 建立表间的关联关系……182
8.5.5 实验五 创建查询……183
第 9 章 微机的组装与维护……185
9.1 基本知识点……185
9.2 重点与难点……188
9.3 习题……188
9.3.1 填空题……188
9.3.2 判断正误题……189
9.3.3 简答题……190
9.4 习题参考答案……191
9.4.1 填空题答案……191
9.4.2 判断正误题答案……191
9.4.3 简答题答案……191
9.5 上机实验练习……194
9.5.1 实验一 主机的安装与连接……194
9.5.2 实验二 开机检测及 CMOS 设置……197
9.5.3 实验三 硬盘初始化与光驱驱动程序的安装……198
9.5.4 实验四 软件的安装与设置……199

第1章　信息与计算机基础知识

1.1　基本知识点

1. 信息与信息技术

信息是人们对客观事物的反映，通过物质载体产生的消息、情报、指令、数据等一切可传递、可交换的内容。

信息技术是指能够充分利用与扩展人类信息器官功能的各种方法、工具与技能的总和。它的内涵包括两个方面：一是手段，即各种信息媒体，是物化形态的技术；二是方法，即运用信息媒体对各种信息进行采集、加工、存储、交流、应用的方法，是智能形态的技术。

2. 计算机的产生与发展

计算机是一种能接收和存储信息，并按照存储在其内部的程序对输入的信息进行加工、处理，得到人们所期望的结果，然后把处理结果输出的高度自动化的电子设备。

世界上第一台计算机 ENIAC 于 1946 年诞生于美国。若按计算机中所采用的电子逻辑器件来划分，可以分为 4 代，分别是电子管时代、晶体管时代、中小型集成电路时代和大规模集成电路时代。另外若按计算机规模来看，它的发展经过了大型机、微型机和网络阶段。

计算机广泛应用各个领域，包括大型的科学计算、数据处理、过程控制、计算机通信、计算机辅助系统和人工智能等几大类。

3. 计算机的分类

计算机按工作原理来分，可以分为数字计算机、模拟计算机和数字模拟混合计算机；按性能和规模来分，可分为巨型机、大型机、中型机、微型机和工作站；按功能和用途分的话，可分为通用计算机和专用计算机。

4. 数据单位与数制

计算机的最小信息容量单位是位，最小存储单位是字节，计算机信息交换加工及存储的基本单位是字。“位”指二进制的一位，只能存储一位 0 或 1；“字节”由 8 个“位”组成，构成计算机的最小存储单位，用 B 表示；“字”由两个“字节”组成，一个字的位数称为字长。计算机中更大的计量单位有千字节(KB)、兆字节(MB)和吉字节(GB)。

人们习惯上使用十进制数，但是计算机内部采用二进制进行存储、运算等。实际上，任何一个数可以用八进制、十进制或十六进制表示，而且不同数制的数可以相互转换。

5. 字符编码

计算机中采用美国信息交换标准代码(简称为ASCII码)进行字符编码。一个ASCII码在计算机内分配一个字节，最高位是0。ASCII码根据英语习惯来设计的，而对于汉字编码却远远不够，所以我国采用中华人民共和国国家标准信息交换汉字编码(俗称国际码)对汉字进行编码。汉字编码的内码是计算机系统存储、处理汉字信息所用的代码。一个内码占2个字节，每个字节的最高位都是1。将国标码的每个字节加上80H即为内码，汉字编码的外码是指输入码、打印码和显示码。

6. 指令、程序和语言

指令是规定了计算机能够执行的一个基本操作。程序就是使得计算机做某项特定操作的指令序列的集合。计算机工作的过程就是执行程序的过程。语言分为机器语言和高级语言，机器语言是指CPU能够直接执行的指令序列组成的程序，高级语言则需要将源程序转换成机器语言程序(目标程序)才能由CPU执行。

7. 计算机病毒及其防治

计算机病毒是具有自我复制能力的计算机程序，以破坏计算机系统正常工作为目的。一个病毒程序通常由病毒引导、传染和发作3部分组成。由于计算机病毒有很强的隐蔽性、潜伏性、传播性和激发性，使得它具有很强的破坏性和危害性，它的最主要的特征就是破坏性和传染性。

预防病毒可以采用多种措施：一是启动计算机时要尽量从硬盘引导；二是经常对一些数据文件作备份；三是使用有效的反病毒软件预防和查杀病毒；四是使用软盘和移动硬盘之前一定要杀毒，形成良好的使用习惯。

8. 计算机系统

计算机系统由硬件系统和软件系统组成。硬件系统包括运算器、控制器、存储器、输入设备和输出设备；软件系统分为系统软件和应用软件，系统软件包括操作系统、服务软件、编译或解释系统；应用软件则包括用户程序和应用软件包。

9. 计算机的硬件组成

(1) 中央处理器(CPU)是计算机系统的核心，包括运算器和控制器两个部分。

(2) 存储器分为内存和外存。内存由半导体存储器组成，存取速度快，价格高，容量小，内存又分为随机存储器RAM和只读存储器ROM；常用的外存有磁盘、光盘。

(3) 输入设备和输出设备：最常用的输入设备有键盘和鼠标，最常用的输出设备有显示器和打印机。外存储器、输入设备和输出设备统称为外设；内存和CPU一起称为主机。

(4) 总线：分为数据总线(DB)、地址总线(AB)和控制总线(CB)。

1.2　重点及难点

1. 重点

本章重点是：信息的概念、计算机的概念及分类，不同数制之间的相互转换，计算机的数据与编码，计算机硬件系统和软件系统的组成。

2. 难点

本章难点是：数据单位、字符编码和汉字编码；各种数制之间的转换；计算机的系统配置及主要技术指标。

1.3　习　　题

1.3.1　单项选择题

1. 第二代电子计算机采用的主要电子元件是________。

A. 晶体管　　B. 电子管　　C. 集成电路　　D. 超大规模集成电路

2. 第一台电子计算机诞生于________年。

A. 1945　　B. 1946　　C. 1950　　D. 1952

3. 下列叙述不是电子计算机特点的是_______。

A. 运算速度高　　B. 运算精度高

C. 具有记忆和逻辑判断能力　　D. 运行过程不能自动、连续，需人工干预

4. 第三代计算机时期，在软件上出现了________。

A. 机器语言　　B. 高级程序设计语言　　C. 操作系统　　D. 汇编语言

5. 计算机内部是以_______形式来传送、存储、加工处理数据或指令的。

A. 二进制编码　　B. 十六进制编码　　C. 八进制编码　　D. 十进制编码

6. 以下各类计算机中，表示数据最为精确的是________。

A. 巨型计算机　　B. 大型计算机　　C. 小型计算机　　D. 微型计算机

7. 第一个微处理器芯片诞生于_______年。

A. 1946　　B. 1945　　C. 1971　　D. 1972

8. 第一个微处理器芯片是_______位的。

A. 4　　B. 8　　C. 16　　D. 32

9. 微型计算机是随着_______的发展而发展起来的。

A. 晶件管　　B. 电子管　　C. 网络　　D. 集成电路

10. 就其工作原理而论，当代计算机都是基于_______提出的存储程序控制原理。

A. 图灵　　B. 牛顿　　C. 布尔　　D. 冯·诺依曼

11. 电子数字计算机工作最重要的特征是______。

A. 高速度　　B. 高精度

C. 存储程序自动控制　　D. 记忆力强

12. 一台计算机有 20 位地址总线，16 位数据总线，则其存储容量为______。

A. 640K　　B. 1M　　C. 2M　　D. 4M

13. ______是不合法的十六进制数。

A. 1023　　B. 1M　　C. A120　　D. 7777

14. 将十进制数 0.6531 转换为二进制数是______。

A. 0.101001　　B. 0. 101101　　C. 0.110001　　D. 0. 111011

15. 将十六进制数 163.5B 转换成二进制数为______。

A. 1101010101.　1111001　　B. 110101010.　11001011

C. 1110101011.　1101011　　D. 101100011.　01011011

16. 将十进制数 35 转换成八进制数为______。

A. 41　　B. 43　　C. 45　　D. 47

17. 下列数据中最小的是______。

A. 11011001(二进制数)　　B. 75(十进制数)

C. 72(八进制数)　　D. 57(十六制数)

18. 设数据长度为八位二进制，则二进制数–1111111 的补码为______。

A. 10000000　　B. 0000001　　C. 10000001　　D. 1000000

19. 在符号数表示中，采用二进制是因为______。

A. 可降低硬件成本　　B. 两个状态的系统具有稳定性

C. 二进制的运算法则简单　　D. 上述三个原因

20. 如果某计算机语言的整型长度为 16 位，则其能表示最大的无符号十进制整数为______。

A. 32767　　B. 32768　　C. 65535　　D. 65536

21. 就数量而言，计算机应用最为广泛的是______。

A. 科学计算　　B. 数据处理　　C. 人工智能　　D. 辅助系统

22. 计算机主要由______、存储器、输入/输出设备等构成。

A. 硬盘　　B. 软盘　　C. 键盘　　D. 中央处理单元

23. 中央处理器(CPU)不包含______部分。

A. 控制单元　　B. 运算部件　　C. 存储单元　　D. 输出单元

24. 以下属于内存的一部分，CPU 对其只能读取不能修改的存储设备是______。

A. RAM　　B. ROM　　C. CD-ROM　　D. 以上都不对

25. 若计算机运行过程中突然掉电，下列存储设备中的信息会因而丢失的是______。

A. ROM　　B. RAM　　C. 硬盘　　D. 软盘

26. 分析程序中的指令是______部件的功能。

A. 算术逻辑部件　　B. 存储器　　C. 控制器　　D. 输入输出设备

27. 微型机系统中，对输入输出设备进行管理的基本程序放在__________中。
A. 随机存储器　B. 只读存储器　C. 硬盘　D. 寄存器
28. 以下设备中既可以作为输入设备，也可作为输出设备的是__________。
A. 键盘　B. 显示器　C. 打印机　D. 软盘驱动器
29. ________键可用于在插入和改写两种编辑状态间的切换。
A. Insert　B. Caps Lock　C. Home　D. End
30. 标准输入设备常指__________。
A. 鼠标　B. 键盘　C. 扫描仪　D. 显示器
31. 标准输出设备指__________。
A. 显示器　B. 打印机　C. 绘图仪　D. 传真机
32. 按________键，可删除光标所在位置的一个字符。
A. Insert　B. Delete　C. BackSpace　D. Break
33. 速度快、分辨率高的打印机是__________打印机。
A. 点阵式　B. 喷墨　C. 激光　D. 击打式
34. 驱动器读写数据的基本存取单位是__________。
A. 比特　B. 字节　C. 双字　D. 扇区
35. 计算机的内存储器采用_________存取方式。
A. 随机　B. 索引　C. 顺序　D. 直接
36. 人们常说的某计算机的内存是 16M，就是指它的容量为________字节。
A. 16×1024×1024　B. 16×1000×1000
C. 16×1024　D. 16×1000
37. 硬盘和软盘是常见的两种外存储器，在第一次使用时__________进行格式化。
A. 都必须　B. 可直接使用，不必
C. 只有软盘才需要　D. 只有硬盘才需要
38. 如下做法中不恰当的是__________。
A. 磁盘应远离高温及磁性物体　B. 避免接触磁盘上暴露的部分
C. 不能弯曲磁盘　D. 认为磁盘标签没有太大作用，所以不必贴标签
39. 一次可编程只读存储器简称为__________。
A. ROM　B. PROM　C. EPROM　D. EEPROM
40. CPU 中有若干存放数据的部件，称为__________。
A. 存储器　B. 辅存　C. 寄存器　D. 主存
41. 以下存储设备中，速度最快的是__________。
A. 软盘　B. 硬盘　C. ROM　D. RAM
42. 以下叙述错误的是__________。
A. 磁道由内而外编号　B. 磁盘的磁道是宽度很小的同心圆
C. 每磁道存储数据容量相同　D. 磁道所存储数据容量与其周长无关
43. CD-ROM 光盘的道是______形的。
A. 同心圆　B. 螺旋　C. 柱　D. 扇

44. 软盘驱动器在寻找数据时________。

A. 盘片转动、磁头不动　　B. 盘片不动、磁头移动

C. 盘片转动、磁头移动　　D. 盘片、磁头都不动

45. 为达到某一目的而编制的计算机指令序列称为__________。

A. 软件　　B. 程序　　C. 字符串　　D. 命令

46. 下列软件中，不属于系统软件的是_________。

A. 操作系统　　B. C 语言编译程序

C. Microsoft Word 2000　　D. KILL 杀病毒软件

47. BASIC 语言适合于初学者交互式程序设计，它是一种________。

A. 低级语言　　B. 机器语言　　C. 汇编语言　　D. 高级语言

48. 编译程序的作用是________。

A. 对目标程序装配链接

B. 将高级语言源程序翻译成机器语言程序

C. 对源程序边扫描边翻译执行

D. 将汇编语言源程序翻译成机器语言程序

49. 机器语言程序在机器内是以__________形式表示。

A. BCD 码　　B. 二进制编码　　C. ASCII 码　　D. 十六进制编码

50. 计算机用________方式管理程序和数据。

A. 二进制代码　　B. 文件

C. 存储单元　　D. 目录区和数据区

51. 使用高级语言编程，编译时发现的错误是________。

A. 符号使用错误　　B. 逻辑错误

C. 语法错误　　D. 模块未定义错误

52. 以下不属于机器代码的特点的是________。

A. 面向机器　　B. 易阅读　　C. 与微机有关　　D. 很难编写

53. 以助记符代替机器码的语言是_________。

A. 高级语言　　B. 汇编语言　　C. C 语言　　D. PASCAL

54. 可以进行逐行读取、翻译并执行源程序的是_________。

A. 操作系统　　B. 解释程序　　C. 编译程序　　D. 翻译程序

55. 计算机病毒不具有________。

A. 传播性　　B. 破坏性　　C. 潜伏性　　D. 易读性

1.3.2 判断正误题

1. 第二代电子计算机以电子管作为主要逻辑元件。　(　)
2. 第一台利用存储程序和程序控制原理的电子计算机是 ENIAC。　(　)
3. 计算机发展史上的第三代计算机是微型计算机。　(　)
4. 计算机语言只能是二进制的机器语言。　(　)

5. 计算机区别于其他机器的本质特点是具有逻辑判断能力和程序的自动运行。（　）

6. 计算机存储器的最小存储单元是一个二进制位。（　）

7. 计算机的存储容量由其地址总线的数目所决定。（　）

8. 冯·诺伊曼是存储程序控制观念的创始者。（　）

9. 数值 0 的原码表示因为将其看作正 0 或负 0 而有不同的结果。（　）

10. 采用补码表示比采用原码表示更易于实现加减法运算。（　）

11. 决定计算机计算精度的主要技术指标是计算机的运算速度。（　）

12. 计算机“运算速度”的含义是指每秒钟能执行多少条操作系统的命令。（　）

13. 利用大规模集成电路技术把计算机的运算部件和控制部件做在一块集成电路芯片上，这样的一块芯片叫做 CPU。（　）

14. 计算机的主机由运算器、控制器和主存组成。（　）

15. 存储器 RAM 是一种易失性存储器件，电源关掉后，存储在其中的信息便丢失。（　）

16. 在计算机中采用二进制是因为二进制的运算简单和易于实现。（　）

17. 从信息的输入、输出角度看，打印机既可看做是输入设备，又可看做是输出设备。（　）

18. 外存储器上的信息不可以直接进入 CPU 处理。（　）

19. 计算机区别于其他计算工具的本质是能存储数据和程序。

20. 计算机的主机由中央处理器、运算器、控制器、主存储器、接口部件构成。（　）

21. 计算机的 CPU 包括控制器、运算器和主存。（　）

22. 程序必须送到主存储器中，计算机才能执行相应的指令。（　）

23. “裸机”指不含外围设备的主机。（　）

24. 16 位字长的计算机是指能计算最大为 16 位十进制数的计算机。（　）

25. 控制器是计算机的控制中心，取址、分析指令、执行指令都是由它完成。（　）

26. 键盘上的 TAB 键总是与其他键组合才能实现某一功能。（　）

27. 机箱内的部件都是组成一台计算机所不可缺少的，因此硬盘驱动器是计算机的必不可少的组成部件。（　）

28. 激光打印机是一种点阵击打式打印机。（　）

29. 汇编语言是一种计算机高级程序设计语言。（　）

30. 用计算机语言编写的程序代码执行速度较慢。（　）

31. 编译与解释的主要区别是前者会产生目标文件，而后者一般不产生目标文件。（　）

32. C 语言的可移植性很强，所以既适合于设计系统程序，也适合于设计应用程序。（　）

33. 只使用病毒检测软件，不能有效防止各种病毒的入侵。（　）

34. 对写保护口封闭的带病毒的软盘进行读写可以防止病毒的传播。　（　）

35. 计算机病毒破坏磁盘上的数据，也破坏磁盘本身。　（　）

1.3.3 填空题

1. 世界上第一台电子数字计算机诞生于______国，它的名称是________，第一台具备存储程序并自动执行的计算机是___________。

2. 第二代计算机所使用的主要电子元件是_________，微型机属于第______代计算机。

3. 电子计算机的两个最主要的发展趋势是______和_______。

4. 最能反映计算机的本质特征是_______________。

5. 在计算机的主要性能指标中，反映其存储性能的指标主要有________和_________，而计算机表示数据的精度主要反映在__________________指标。

6. 第一代计算机主要应用在_________方面，而现代计算机最大的比例应用在_________方面。

7. 十进制数 176.725 的二进制表示为_____________________________，八进制表示为________________，十六进制表示为__________________。

8. 计算机中二进制的主要优点是_______。

9. 十进制数 202 转换成二进制数是_______，转换成八进制数是______，转换成十六进制数是_____。将二进制数 01101100 转换成十进制数是_______，转换成八进制数是______，转换成十六进制数是________。

10. 世界上第一台微型计算机的 CPU-Intel 4004 的字长是________位。

11. 冯·诺依曼型计算机的设计思想是______。

12. 1010BH 是一个______进制数。

13. 设数据宽度为 8 位，则－12 的原码为______________，补码为_________________。

14. 电子计算机中字符表示最广泛使用的是编码是_________，其含义为_____________________________，采用_______________________表示一个编码。

15. 电子计算机中信息表示的最小单位是_______________，度量存储容量的基本单位是______________。

16. 中央处理器(CPU)主要包含__________和___________两个部件。

17. 计算机系统由___________和____________两部分组成。

18. 微型计算机的字长取决于它的___________的宽度。80386 微处理器的字长是_____________位。

19. 存储器的存储容量通常以能存储多少个二进制信息位或多少个字节来表示，一个字节是指_____个二进制信息位，1MB 的含义是____________字节。

20. 微型计算机的总线包括____________，__________和数据总线。

21. 常见的鼠标器有____________和____________两种。

22. 微机键盘分为_________，__________，____________及编辑区。

23. 显示器上面每一个显示单元被称为_______，全部显示单位的总和称为__________。

24. 辅助存储器又称为________存储器，它________(能或不能)与 CPU 直接交换信息。举出常用的 3 种辅助存储器：________，________，________。

25. 只读存储器简称为________，随机存储器简称为________。

26. 存储器根据其是否能与 CPU 直接交换信息，可分为________和________两种。

27. 硬盘存储器系统由________、硬盘驱动器接口卡和________3 部分组成。

28. 计算机软件系统按其用途可分为系统软件和________。

29. 把高级程序设计语言翻译成目标程序的方式通常有________和________两种。

30. 常见的低级语言有________和________两种。

31. 计算机病毒按其传播途径可分为________、________和网络病毒。

32. 举出常用的 3 种杀毒软件：________、________和________。

33. 病毒程序没有文件名，是靠________进行判别。

34. 操作系统是对________进行控制和管理的系统软件。

35. 多媒体计算机简称为________，其英文全称为________。

36. 多媒体计算机与一般计算机相比，________和________两个设备是必备的。

37. ASCII 码是对________进行编码的一种方案，它是________代码的缩写。

38. 微型计算机系统的硬件主要由________、________和输入/输出设备构成。

39. 计算机是由________、________、________和输入/输出设备等部件组成。主机包括________。

40. 计算机中的所有信息在机器内部存储形式都是________，计算机所能直接执行的程序是________。

41. 当计算机在工作时，如果突然停电，RAM 中的信息将会________(丢失或保存)。

42. 能进行逻辑操作的部件是________。

43. 存储器中访问速度最快的是________。

44. CPU 是构成计算机的核心部件，它包括________和________。

45. ________、________、________和________是计算机病毒具有的基本特点。

1.3.4　简答题

1. 第一台具备存储程序并自动执行的计算机诞生于哪一年？
2. 简述计算机的发展历史，并说明其所采用的器件是什么？
3. 计算机按其规模可以分为哪几类？
4. 如何实现十进制数与二进制数的转换？
5. 下列各信息单位 b、B、KB、MB、GB、TB 各表示什么含义？
6. 计算机中汉字编码是如何表示的？
7. 计算机硬件系统由哪几部分组成?
8. 计算机软件系统由哪几部分组成?
9. 什么是计算机病毒？计算机病毒的特点是什么？
10. 什么叫计算机软件知识产权？保护计算机软件知识产权有什么重要意义？

11. 微型计算机常用的输入/输出设备主要有哪几种？

12. 微型计算机的外存储设备主要有哪几种？

1.4 习题参考答案

1.4.1 单项选择题答案

1. A	2. B	3. D	4. C	5. A	6. A	7. C	8. A	9. D	10. D
11. A	12. B	13. B	14. A	15. D	16. B	17. C	18. C	19. D	20. C
21. B	22. D	23. D	24. B	25. B	26. C	27. B	28. D	29. A	30. B
31. A	32. B	33. C	34. D	35. A	36. A	37. A	38. D	39. B	40. C
41. D	42. A	43. B	44. C	45. B	46. C	47. D	48. B	49. B	50. B
51. C	52. B	53. B	54. B	55. D					

1.4.2 判断正误题答案

1. ×	2. ×	3. ×	4. ×	5. √	6. ×	7. √	8. √	9. √
10. √	11. ×	12. ×	13. √	14. ×	16. √	17. ×	18. √	19. ×
20. ×	21. ×	22. √	15. √	23. √	24. ×	25. ×	26. ×	27. √
28. ×	29. ×	30. ×	31. √	32. √	33. √	34. ×	35. ×	

1.4.3 填空题答案

1. 美，ENIAC，EDVAC　　2. 晶体管，四

3. 微型化，巨型化　　4. 程序自动执行　　5. 存储速率，存储容量，字长

6. 科学计算，数据处理　　7. 10110000.1011，260.54，B0.B

8. 易于实现　　9. 11111010B，3120，CAH，108，1540，6CH

10. 4　　11. 存储程序控制

12. 十六　　13. 10001100　11110100

14. ASCII，美国信息交换标准代码，7 位　　15. bit，Byte

16. 控制器，存储器　　17. 硬件系统，软件系统

18. 数据总线，16　　19. 8，1024×1024

20. 系统总线，地址总线　　21. 机械，光电

22. 功能区，标准打字区，辅助键区　　23. 像素，分辨率

24. 外，不能，光盘，磁盘，硬盘　　25. ROM，RAM

26. 主存，辅存　　27. 磁记录介质，磁盘控制器

28. 应用软件　　29. 解释方式，编译方式

30. 汇编，机器语言　　31. 引导型病毒，文件型病毒

32. 瑞星杀毒软件，KV3000，KILL　　33. 后缀名

34. 计算机资源　35. MPC，Mulitmedia PC
36. 音频卡，视频卡　37. 字符，美国信息交换标准
38. CPU，主存　39. 运算器，存储器，控制器，主板、CPU 和内存等
40. 二进制，由机器指令组成的程序　41. 丢失
42. 运算器　43. 主存
44. 运算器，控制器　45. 隐蔽性，传染性，潜伏性，激发性

1.4.4　简答题答案

(答案略。)

1.5　上机实验练习

1.5.1　实验一 熟悉计算机的硬件组成

一、实验目的

认识和了解计算机的各种硬件设备。

二、实验内容

到实验室观看计算机的各种硬件设备。

1. 观看输入设备

输入设备是人或外部与计算机进行交互的一种部件，用于数据的输入。常见的输入设备有键盘、鼠标等。

2. 观看输出设备

输出设备是人机交互的一种部件，用于数据的输出。常见的输出设备有显示器、打印机等。

3. 观看存储设备

存储设备是数据或信息的储存部件，包括硬盘、光盘、内存条等。

4. 观看主板

主板是电脑中最重要的部件之一，是整个电脑工作的基础。大致来说，主板由以下几个部分组成：CPU 插槽(插座)、内存插槽、高速缓存局域总线和扩展总线、硬盘、软驱、串口、并口等外设接口和 CMOS 主板 BIOS 控制芯片。

5. 观看 CPU

CPU 的全称是 Central Processing Unit，中文名为中央处理器，控制着整台电脑的运行和工作，是整台电脑的核心。

1.5.2　实验二 键盘的指法练习

一、实验目的

学习键盘的使用，并能够利用计算机键盘进行中英文输入。

二、实验内容

1. 熟悉键盘指法

标准键盘与键盘指法见图 1-1~图 1-3 所示。

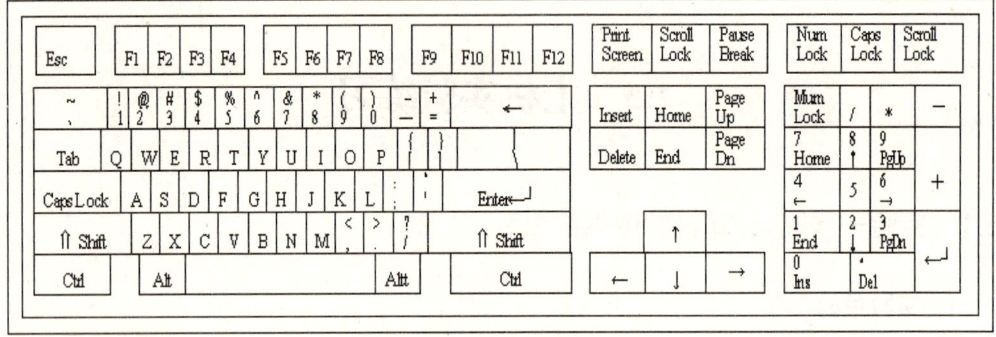

图 1-1　标准键盘

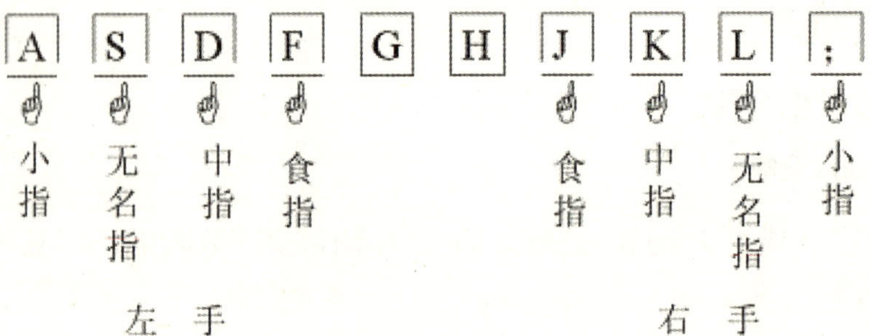

图 1-2　基准键及其手指的对应关系

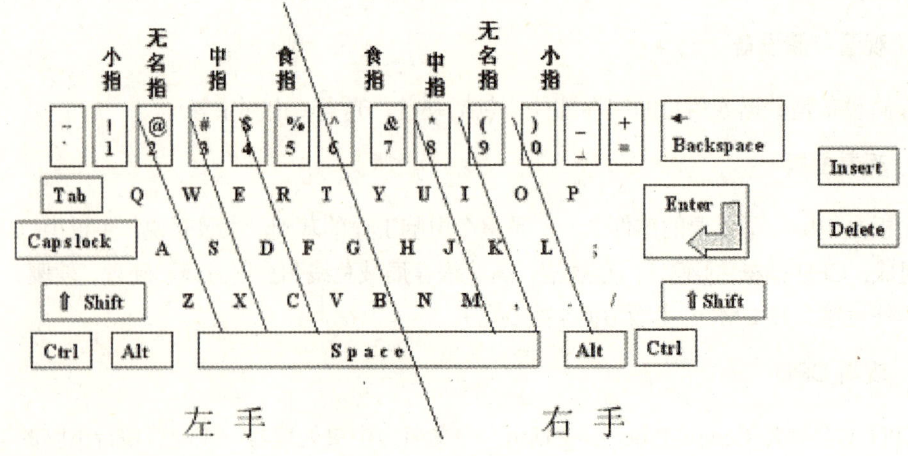

图 1-3　键盘指法示意图

以下两个表说明了一些特殊键的作用。

表 1-1　标准打字键区控制键的作用

键	功　能
Tab	跳格键。每按一次，光标在屏幕上移动 8 列
CapsLock	字母大小写转换键。在键盘的右上角有一个与之对应的标志灯，灯亮时处于大写状态
Shift	上档键。其作用有两种：一是用于字母大小写的临时切换，二是用于取得双档键的上档字符。如“:”的输入可先按住<Shift>键，再按下“:”所在的键
Ctrl	控制键。必须和其他键联合使用，以完成某些特定功能。如： Ctrl+Break　　用于中断某些操作 Ctrl+P　　用于打印机和计算机之间的连机与脱机
Alt	选择键。和其他键联合使用，以完成某些特定功能。如在 Windows XP 系统下： Alt+F4　　关闭应用程序窗口
Enter	回车键，在 DOS 下是命令行结束的标志，在编辑状态下用于换行
Backspace	退格键，用于擦除光标左边的一个字符

表 1-2　编辑键区部分编辑键的作用

键	功　能
Home	将光标移到行首
End	将光标移到行尾
Page Up	向前翻页
Page Down	向后翻页
Insert	插入/改写状态切换
Delete	删除光标上的字符

2. 英文打字练习(输入以下各练习的内容)

练习一

The hardest thing in the world to understand is the income tax. The important thing is not to stop questioning. The most beautiful thing we can experience is the mysterious. It is the source of all true art and science. The most incomprehensible thing about the world is that it is comprehensible. The secret to creativity is knowing how to hide your sources. We should take care not to make the intellect our god; it has, of course, powerful muscles, but no personality.

练习二

Marriage is the triumph of imagination over intelligence. Second marriage is the triumph of hope over experience. People who are sensible about love are incapable of it. A man needs a mistress, just to break the monogamy. Before you find your handsome prince, you have to kiss a lot of frogs. Contention is better than loneliness. Good friends stab you in the front. Hatred is toxic waste in the river of life. Hearts are often broken when words are unspoken. Her kisses left something to be desired -- the rest of her. I'd like to meet the man who invented sex and see what he's working on now. If there is anything better than being loved, it's loving.

3. 中文打字练习(输入以下各练习的内容)

练习一

计算机网络是现代通信技术与计算机技术相结合的产物。所谓计算机网络，就是把分布在不同地理区域的计算机系统通过专用的外部设备和通信线路连接起来，在网络软件的控制、管理下，实现网络上软、硬件资源共享的系统。计算机网络的使用克服了单个计算机应用的局限性，极大地延伸了单机的使用功能。

从网络的定义可知，计算机网络具有以下特点：

(1) 联网的计算机需要一台以上、且各自独立构成系统。也就是说，各计算机或计算机系统之间没有主从关系。

(2) 各计算机或计算机系统之间又是相互连接的。这种连接不一定用导线连接，也可以通过微波或通信卫星连接。

(3) 需要有网络协议的支持。不符合协议的计算机互联不叫计算机网络。

练习二

黑客(Hacker)是指通过网络非法入侵他人系统，截获或篡改计算机数据，危害信息安全的电脑入侵者。黑客最初还是褒义词，随着各种人员加入入侵他人网络的事件增多，造成的危害与日俱增，黑客已变成恐慌的代名词。黑客们非法侵入有线电视网、在线书店和拍卖点，甚至政府部门的站点，更改内容，窃取敏感数据，今天“黑客”一词已与“破坏者”，甚至“盗贼”等同。

黑客使用黑客程序入侵网络。所谓黑客程序，则是一种专门用于进行黑客攻击的应用程序，它们有的比较简单，有的功能较强。功能较强的黑客程序一般至少有服务器程序和客户机两部分，服务器程序实际上是一个间谍程序，客户机部分是黑客发动攻击的控制台。黑客利用病毒原理，以发送电子邮件、提供免费软件等手段，将服务器程序悄悄安装到用户的计算机中，在实施黑客攻击时，客户机与远程已安装好的服务器程序里应外合，达到攻击的目的。利用黑客程序进行黑客攻击，由于整个攻击过程已经程序化，黑客不需要高超的操作技巧和高深的专业软件知识，只要具备一些最基本的计算机知识便可，因此危害性非常大。较有名的黑客程序有 BO、YAI，以及“拒绝服务”攻击工具等。

第2章　Windows XP 操作系统

2.1　基本知识点

1. 操作系统基本知识

(1) 操作系统是控制和管理计算机系统内各种硬件和软件资源，有效地组织计算机系统的工作，为用户提供一个使用方便、可扩展的工作环境，从而起到连接计算机和用户的接口作用。

(2) 操作系统的基本功能是：处理机管理、存储管理、设备管理和文件管理。

(3) 操作系统按功能分类有：批处理操作系统、实时操作系统、分时操作系统和网络操作系统。

(4) 常用的微机操作系统有：MS-DOS、Windows、Unix 和 Linux。

1. Windows XP 基本知识

(1) Windows XP 是一种具有图形用户界面，单用户，多任务，同时具备通信、多媒体和网络技术的 32 位操作系统，可以支持 MS-DOS 操作。

(2) Windows XP 的退出：关闭所有应用程序，然后单击“开始”按钮，选择“关闭系统”选项。

(3) Windows XP 桌面组成。桌面是启动 Windows 后的整个屏幕画面。桌面左侧有几个小图标：“我的电脑”、“我的文档”、“网上邻居”、“回收站”和 Internet Explorer；桌面底部是任务栏，该栏最左端是“开始”按钮。“开始”按钮用来打开“开始”菜单，开始菜单中有“程序”、“收藏夹”、“文档”、“设置”、“查找”、“帮助”、“运行”、“注销”和“关闭系统”命令。任务栏中列出了正在运行的程序和打开的文档按钮。

2. Windows XP 的基本概念和基本操作

(1) 鼠标操作：主要包括击键、指向和拖动，击键又分为单击、双击以及右击等。

(2) 窗口：窗口从上到下包括标题栏、菜单栏和工具栏，窗口的底部为状态行，右侧有一垂直滚动条，下部有一水平滚动条。

(3) 菜单：每个应用程序窗口第二行的菜单中列出了该应用程序的主要功能菜单，每个菜单项的下拉菜单中的每一个命令完成一个具体的操作。菜单分为 4 类，分别是“开始”菜单，控制菜单，快捷菜单和菜单栏菜单。

(4) 对话框：对话框用于 Windows 系统的用户对话，也用于系统显示附加信息或警告。

对话框由标题栏、按钮、文本框、列表框和复选框等组成。对话框窗口不能缩放。

3. 运行应用程序

(1) 应用程序的启动：可以通过双击对应的图标，或者通过“开始”菜单启动应用程序，或者通过资源浏览启动。

(2) 退出应用程序的方法：单击窗口右上角的“关闭”按钮或者选择“文件”菜单中的“关闭”命令或者按 Alt+F4 键。

(3) 应用程序间的切换：在打开的多个应用程序窗口中，同一时刻只能有一个是活动的，可以对该窗口进行操作，称为当前窗口。当前窗口对应的应用程序在内存的前台，而其他打开的应用程序在内存的后台，通过单击“任务栏”中的按钮进行窗口的切换。

4. Windows XP 的资源管理器

(1) “资源管理器”的启动：选择“开始”|“程序”|“附件”|“Windows 资源管理器”命令启动它。

(2) 资源管理器窗口

显示或隐藏工具栏：选择“查看”菜单下的“工具栏”选项，然后选择要显示或隐藏的工具栏即可。

移动分隔条：拖动分隔条。

浏览文件夹中的内容：单击“+”可展开文件夹；单击“－”可折叠文件夹。

文件和文件夹的显示方式：大图标、小图标、列表以及详细资料。可在“查看”菜单中选择一种显示方式。

文件和文件夹的排序：可按名称、大小、日期等方式排序。选择“查看”菜单下的“排列图标”选项，选择一种排序方法即可。

(3) 管理文件和文件夹

文件和文件夹的概念、命名规则，文件夹的树型结构，通配符“*”和“?”用法。

创建新文件及文件夹。

选定文件和文件夹：选定单个的文件或文件夹；选定多个连续的文件和文件夹；选定多个不连续的文件和文件夹。

移动和复制文件或文件夹。

删除和恢复文件或文件夹。

更改文件或文件夹的名称。

创建文件的快捷方式。

查看或修改文件和文件夹的属性：属性有只读、存档、隐藏和系统 4 种。

查找文件或文件夹：可以使用“资源管理器”菜单，选择“工具”选项中的“查找”选项，再选择“文件或文件夹”选项即可；也可以使用 Windows 的“开始”菜单，方法为单击“开始”按钮，选择“查找”|“文件或文件夹”命令即可。

(4) 剪贴板的使用

剪贴板是一块内存区域，利用它可以实现文件或文件夹的移动或复制。

复制的快捷键：Ctrl+C；剪切的快捷键：Ctrl+X；粘贴的快捷键：Ctrl+V。

复制整幅屏幕的内容可用 Print Screen 键，复制活动窗口的内容可用 Alt+Print Screen 键。

5. Windows XP 系统环境设置

主要通过控制面板进行设置。可以在“开始”菜单中选择“开始”|“设置”|“控制面板”命令来启动。

“控制面板”中的常用图标有：显示器、字体、键盘、鼠标、添加/删除程序、添加新硬件和输入法等。

(1) 显示器。包括背景、屏幕保护程序，外观、效果、Web 和设置(颜色和分辨率)等。

(2) 字体。包括安装字体和删除字体。

(3) 键盘与鼠标。可设置按键的延缓时间、重复速度和光标闪烁速度，还可以选择和安装键盘语言和布局。对鼠标可设置左手型或是右手型，调整双击速度，以及设置鼠标指针的形状和鼠标移动速度。

(4) 添加和删除应用程序。安装应用程序：在控制面板中选择“添加/删除程序”选项，然后选择“安装/卸载”选项，接下来选择“安装”即可。删除应用程序：在控制面板中选择“添加/删除程序”选项，然后选择“安装/卸载”选项，选定应用程序，选择“添加/删除”命令即可。

(5) 输入法。安装中文输入法、删除中文输入法。选用输入法：单击任务栏上的输入法按钮，然后选择输入法。也可用 Ctrl+Shift 键切换。 启动和关闭输入法：Ctrl+Space 组合键。

5. Windows 7 操作系统的新特性

(1) Aero 桌面特效

(2) 开始菜单的新变化

(3) 将常用程序锁定到任务栏

(4) 以管理员身份运行程序

(5) 在桌面上放置小工具

(6) 利用语音识别功能操作计算机

(7) XP 兼容模式

(8) 投影显示及多显示器窗口管理

2.2　重点和难点

1. 重点

本章重点主要是操作系统的基本概念、Windows XP 的基本概念和基本操作，Windows XP 的文件管理系统和资源管理系统相关的概念和基本操作。

2. 难点

操作系统的基本功能理解；Windows XP 控制面板的使用；资源管理器的使用，剪贴板的使用；文件和文件夹的管理。

2.3　习　　题

2.3.1　单项选择题

1. 鼠标的拖放操作是指________。
   A. 移动鼠标使鼠标指针出现在屏幕上某个位置
   B. 按住鼠标按钮，移动鼠标把鼠标指针移动到某个位置后释放按钮
   C. 连贯地按下并快速释放鼠标按钮
   D. 快速连续地两次按下并快速释放鼠标按钮
2. 鼠标的单击操作是指________。
   A. 移动鼠标使鼠标指针出现在屏幕上某一位置
   B. 按住鼠标按钮，移动鼠标把鼠标指针移动到某个位置后释放按钮
   C. 按下并快速释放鼠标按钮
   D. 快速连续地两次按下并释放鼠标按钮
3. Windows XP 是微软公司发行的________操作界面的操作系统。
   A. 字符　　B. 窗口　　C. 鼠标指针　　D. 图形
4. 鼠标的指示操作是指________。
   A. 移动鼠标使鼠标指针出现在屏幕上的某一位置
   B. 按住鼠标按钮，移动鼠标把鼠标指针移到某个位置后再释放鼠标按钮
   C. 按下并快速地释放鼠标按钮
   D. 快速连续地两次按下并释放鼠标按钮
5. 在 Windows XP 屏幕中所看到的大块区域称为_____。
   A. 图标　　B. 窗口　　C. 桌面　　D. 任务栏
6. 操作系统的作用是__________。
   A. 提高软件和硬件资源的利用率和提供使用方便的用户界面
   B. 提高软件和硬件资源的利用率
   C. 提供使用方便的用户界面
   D. 提供丰富的系统软件和应用软件
7. 若要使已打开的窗口不出现在屏幕上，只在任务栏中保留一个图标，要将窗口_____。
   A. 最小化　　B. 最大化　　C. 关闭　　D. 还原
8. 在资源管理器中不能进行的操作是_______。
   A. 格式化软盘　　B. 关闭计算机
   C. 创建新的文件夹　　D. 对文件重命名

9. 当计算机硬盘中有许多碎片，影响计算机性能时，应选择系统工具中的______进行整理。

A. 磁盘空间管理　　B. 磁盘清理程序

C. 磁盘扫描程序　　D. 磁盘碎片整理程序

10. 在 Windows 中，控制菜单图标位于窗口的______。

A. 左上角　　B. 左下角　　C. 右下角　　D. 右下角

11. 在 Windows 中，标题行通常为窗口______的横条。

A. 最底端　　B. 最顶端　　C. 第二条　　D. 次底端

12. 在Windows 中，菜单行位于窗口的______。

A. 最顶端　　B. 标题行的下面　　C. 最底端　　D. 以上都不是

13. 在 Windows 中，下列关于滚动条操作的叙述，不正确的是______。

A. 通过拖动滚动条上的滚动框可以实现快速滚动

B. 滚动条有水平滚动条和垂直滚动条两种

C. 在 Windows 上每个窗口都具有滚动条

D. 通过单击滚动条上的滚动箭头可以实现一行行滚动

14. 下列有关还原(恢复)按钮及操作叙述正确的是______。

A. 单击还原(恢复)按钮可以将最大化后的窗口恢复成原来的样子

B. 必须双击还原(恢复)按钮才可以将最大化后的窗口恢复成原来的样子

C. 还原(恢复)按钮存在于任何窗口内

D. 单击还原(恢复)按钮可以将移动过的窗口恢复成原来的样子

15. 在“显示属性”对话框中，若要设置屏幕分辨率应选择______选项卡。

A. 外观　　B. 效果　　C. 设置　　D. 背景

16. 在 Windows 中，有一些文件的内容较多，即使窗口最大化，也无法在屏幕上完全显示出来，此时可利用窗口的______来阅读整个文件的内容。

A. 窗口边框　　B. 滚动条　　C. 控制菜单　　D. 最大化按钮

17. 在 Windows 中，如果想同时改变窗口的高度和宽度，可以通过拖放______来实现。

A. 窗口边框　　B. 窗口角　　C. 滚动条　　D. 菜单栏

18. 若要查找所有 bmp 图形文件，应在“查找”对话框的“名称和位置”选项卡中的名称框中输入______。

A. bmp　　B. bmp*　　C. *bmp　　D. *.bmp

19. 安装中文输入法后，用户在 Windows 工作环境中随时使用______来启动或关闭中文输入法。

A. Ctrl+A1t 键　　B. Ctrl+Space 键

C. Ctrl+Shift 键　　D. Ctrl+Tab 键

20. 若要关闭排列在任务栏中的某个窗口，可用鼠标______位于任务栏上的该窗口对应的按钮，弹出快捷菜单后，选择菜单中的“关闭”项。

A. 右键单击　　B. 左键单击　　C. 右键双击　　D. 左键双击

21. 下面正确退出 Windows XP 的操作是________。

A. 直接关断电源　　B. 关闭所有窗口后，再直接关断电源

C. 在开始菜单中单击“关闭系统”，选择“关闭计算机”，单击“确定”按钮

D. 按 Reset 按钮

22. Windows 把整个屏幕看作________。

A. 窗口　　B. 桌面　　C. 工作空间　　D. 对话框

23. 查看计算机中的各种文件、文件夹和设备是通过________。

A. 我的电脑　　B. 网上邻居　　C. 回收站　　D. 我的文档

24. 在 Windows 中，全角输入方式和半角输入方式之间切换可用________组合键。

A. Ctrl+Space　　B. Shift+Space

C. Alt+Space　　D. Ctrl+Shift

25. 在 Windows 中，以下概念不正确的是________。

A. 各种汉字输入方法的切换，可按 Ctrl+Shift 键来实现

B. 全角与半角状态可按 Shift+空格键来切换

C. 汉字输入方法可按 Ctrl+空格键切换出来

D. 当处于汉字输入状态时，如想退出汉字输入法，可按 Alt+空格键来实现

26. Windows 的对话框中，某些项目前有小方框出现，如果被选中，则其左边的方框打勾，该方框称为________。

A. 选项钮　　B. 列表框　　C. 核对框　　D. 文本输入框

27. Windows XP 中活动窗口可以有________个。

A. 1　　B. 2　　C. 4　　D. 任意

28. 窗口最小化后________。

A. 以图标的形式放在任务栏

B. 以小窗口放在桌面

C. 隐藏看不见，用鼠标右键可以将其打开

D. 以上说法均不正确

29. 在 Windows 中，________操作不能关闭窗口。

A. 单击最小化按钮　　B. 单击控制菜单的关闭项

C. 单击文件菜单中的退出项　　D. 双击控制菜单图标

30. 在 Windows XP 中，所有的操作都具有的特点是________。

A. 先选择操作命令，再选择操作对象

B. 先选择操作对象，再选择操作命令

C. 同时选择操作对象和操作命令

D. 允许用户任意选择

31. 控制菜单弹出以后，要恢复系统原状，则应________。

A. 将鼠标指针指向菜单内，单击鼠标左键

B. 将鼠标指针指向菜单外，单击鼠标左键

C. 将鼠标指针指向菜单内，单击鼠标右键

D. 将鼠标指针指向菜单外，单击鼠标右键

32. Windows 是一种________。

A. 文字处理系统　　B. 计算机语言

C. 字符型的操作系统　　D. 图形化的操作系统

33. 在 Windows 中，下面操作将窗口最小化的是______。

A. 单击最小化按钮　　B. 双击标题行

C. 单击控制菜单图标　　D. 双击控制菜单图标

34. 在 Windows 中，下面操作将窗口最大化的是______。

A. 单击最大化按钮　　B. 双击最大化按钮

C. 单击控制菜单图标　　D. 双击控制菜单图标

35. 下面有关 Windows XP 的叙述，不正确的是______。

A. 在 Windows XP 中，Internet Explorer 和系统紧密结合

B. Windows XP 的界面和操作方式与浏览器相似

C. 可以为 Web 页建立快捷方式

D. Windows XP 系统下，一台主机最多能配 5 台显示器

36. 在 Windows 中，文件有 4 种属性，用户建立的文件一般具有_____属性。

A. 存档　　B. 只读　　C. 系统　　D. 隐藏

37. 若要查看或更改某项目的信息，可查看其属性。为此将鼠标指针指向该对象并____。

A. 单击鼠标左键　　B. 单击鼠标右键

C. 双击鼠标左键　　D. 双击鼠标右键

38. Windows 的窗口(如“我的电脑”窗口)标题栏左上角的图标是一个代表窗口内容的图标，单击此图标，将出现__________。

A. 将窗口最大化　　B. 将窗口最小化

C. 将窗口关闭　　D. 一个控制菜单

39. 用户启动“开始”按钮后，会看到“开始”菜单中包含一组命令，为了显示最近使用过的文档清单，用户必须单击______命令。

A. “程序”　　B. “文档”

C. “查找”　　D. “运行”

40. 在启动 Windows 时，桌面上会出现不同的图标。双击_______图标可浏览计算机上的所有内容。

A. “我的电脑”　　B. “网络邻居”

C. “收信箱”　　D. “回收站”

41. 关闭一个应用程序窗口后，该应用程序将___________。

A. 被终止执行　　B. 继续执行

C. 被暂停执行　　D. 被转入后台运行

42. 在画笔软件中选取前景颜色为红色的操作为_________。

A. 用鼠标右按钮单击红色　B. 用鼠标左按钮单击红色
C. 用鼠标右按钮双击红色　D. 用鼠标左按钮双击红色

43. 用画笔画一个边框为蓝色、内部为红色的矩形，其颜色选取操作为________。
A. 用左按钮单击红色，用右按钮单击红色
B. 用左按钮单击蓝色，用右按钮单击蓝色
C. 用左按钮单击红色，用右按钮单击蓝色
D. 用左按钮单击蓝色，用右按钮单击红色

44. 在画笔软件中选取背景颜色为蓝色的操作为________。
A. 用鼠标左按钮双击蓝色　B. 用鼠标左按钮单击蓝色
C. 用鼠标右按钮双击蓝色　D. 用鼠标右按钮单击蓝色

45. 在画笔软件中，如想改变画线宽度，可采用的操作是：选择_______工具，在线宽框内用鼠标单击所需的线型。
A. 直线　B. 铅笔　C. 矩形　D. 选定

46. 在画笔软件中选取边框颜色为绿色的操作为________。
A. 用鼠标右按钮单击绿色　B. 用鼠标左按钮单击绿色
C. 用鼠标右按钮双击绿色　D. 用鼠标左按钮双击绿色

47. 窗口中的查看方式有________。
A. 大图标、小图标、列表和详细列表
B. 大图标、小图标、快捷方式和详细列表
C. 大图标、快捷方式、列表和详细列表
D. 大图标、小图标、列表和快捷方式

48. 在 Windows 环境下，若要把整个桌面的图像复制到剪贴板，可按_______
A. Print Screen 键　B. Alt+Print Screen 键
C. Ctrl+Print Screen 键　D. Shift+Print Screen 键

49. 在启动程序或打开文档时，如果记不清楚某一个文件或文件夹位于何处，则可以使用 Windows XP 操作系统提供的_______功能。
A. 浏览　B. 设置　C. 查找　D. 搜索

50. 在 Windows 中，有关启动应用程序的操作，不正确的是_______。
A. 通过“我的电脑”找到应用程序，并对其双击
B. 通过“资源管理器”找到应用程序，并对其双击
C. 通过“资源管理器”找到应用程序，并选择它，然后按 Enter 键
D. 在桌面上单击已存在的应用程序的快捷方式

51. 下列创建新文件夹的操作中，错误的是______。
A. 在 MS-DOS 方式下用 MD 命令
B. 在“开始”菜单中，用“运行”命令执行 MD
C. 在“资源管理器”的“文件”菜单中选择“新建”命令
D. 用“我的电脑”确定磁盘或上级文件夹，然后选择“文件”|“新建”命令

52. 在 Windows 的资源管理器中，选定多个不连续的文件的方法是______。

A. 单击每个要选定的文件

B. 双击每个要选定的文件

C. 单击任何一个想要选定的文件，然后按住 Shift 键单击每个要选定的文件

D. 单击任何一个想要选定的文件，然后按住 Ctrl 键单击每个要选定的文件

53. 在 Windows 的资源管理器中，选定多个连续的文件的方法是______。

A. 单击第一个文件，然后单击最后一个文件

B. 双击第一个文件，然后双击最后一个文件

C. 单击第一个文件，然后按住 Shift 键单击最后一个文件

D. 单击第一个文件，然后按住 Ctrl 键单击最后一个文件

54. 对于 Windows，下面以______为扩展名的文件是不能运行的。

A. COM　　B. EXE　　C. BAT　　D. TXT

55. 资源管理器窗口分左、右窗格，右窗格是用来______。

A. 显示活动文件夹中包含的文件夹或文件

B. 显示被删除文件夹中包含的文件夹或文件

C. 显示被复制文件夹中包含的文件夹或文件

D. 显示新建文件夹中包含的文件夹或文件

56. 启动 Windows XP 资源管理器的正确操作方法是______。

A. 单击“开始”菜单的“程序”命令，在其级联菜单中选择“Windows 资源管理器”

B. 单击“开始”菜单的“文档”命令，在其级联菜单中选择“Windows 资源管理器”

C. 单击“开始”菜单的“设置”命令，在其级联菜单中选择“Windows 资源管理器”

D. 单击“开始”菜单的“查找”命令，在其级联菜单中选择“Windows 资源管理器”

57. 若要将资源管理器中的文件夹删除，正确操作方法是______。

A. 用鼠标右键单击要删除的文件夹，在弹出的菜单选择“剪切”命令

B. 用鼠标右键单击要删除的文件夹，在弹出的菜单选择“删除”命令，在确认框中选择“是”按钮

C. 用鼠标左键单击要删除的文件夹，选择“文件”菜单中的“删除”命令，在确认框中选择“否”按钮

D. 用鼠标左键双击要删除的文件夹，选择“文件”菜单中的“删除”命令，在确认框中选择“否”按钮

58. 下列将资源管理器中文件夹改名的多种操作中，不正确的操作方法是______。

A. 用鼠标左键单击要改名的文件夹名，选择“文件”菜单的“重命名”命令，在原文件夹名处键入新名，按 Enter 键

B. 用鼠标左键单击要改名的文件夹名，再次左键单击该文件名，原文件夹名处键入新名，按 Enter 键

C. 用鼠标左键单击要改名的文件夹名，选择“文件”菜单的“新建”命令，键入新文件夹名，再按 Enter 键

D. 将鼠标移至要改名文件夹位置后，单击右键，选择“重命名”命令，在原文件夹名处键入新名，按 Enter 键

59. 在资源管理器窗口的“查看”菜单中，提供了_____种文件夹及文件显示排列的方式。

A. 3　B. 4　C. 5　D. 6

60. 在资源管理器窗口的左窗格中，文件夹图标含有“+”时，表示该文件夹______。

A. 含有子文件夹，并已被展开　B. 含有子文件夹，还未被展开

C. 未含子文件夹，并已被展开　D. 未含子文件夹，还未被展开

61. 在资源管理器窗口用鼠标选择不连续的多个文件的正确操作方法是先按住______，然后逐个单击要选择的各个文件。

A. Shift 键　B. Tab 键　C. A1t 键　D. Ctrl 键

62. 在资源管理器下利用菜单进行文件或文件夹的复制，需要经过一系列步骤，以下不采用的操作是________。

A. 选择欲复制的文件　B. 选用“编辑”菜单下的“移动”命令

C. 选择目的文件夹　D. 选用“编辑”菜单下的“粘贴”命令

63. 在 Windows 中，______不属于控制面板操作。

A. 更改画面显示和字体　B. 添加新硬件

C. 调整鼠标器的使用设置　D. 造字

64. 在 Windows XP 中，“回收站”是______。

A. 内存中的一块区域　B. 硬盘上的一块区域

C. 软盘上的一块区域　D. Cache 中的一块区域

65. 资源管理器中选定了文件或文件夹后，若要将它们复制到另一驱动器的文件夹中，其操作为________。

A. 按下 Shift 键，拖动鼠标　B. 按下 Ctrl 键，拖动鼠标

C. 直接拖动鼠标　D. 按下 Alt 键，拖动鼠标

66. 在资源管理器中选定了文件或文件夹后，若要将它们移动到另一驱动器的文件夹中，其操作为________。

A. 按下 Shift 键，拖动鼠标　B. 按下 Ctrl 键，拖动鼠标

C. 按下空格键，拖动鼠标　D. 按下 Alt 键，拖动鼠标

67. 关于定义文件夹的背景，下列操作正确的是_______。

A. 单击“转到”菜单，选择“主页”选项

B. 单击“查看”菜单下的“文件夹选项”

C. 单击“查看”菜单下的“自定义文件夹”

D. 先将图片放在剪贴板中，然后在预设置的文件夹中单击粘贴即可

68. 若要安装某个中文输入法，应先启动“控制面板”，再使用其中的________功能。

A. 输入法　B. 添加输入法　C. 输入法属性　D. 系统

69. Windows 资源管理器“编辑”菜单中的“复制”命令的含义是______。

A. 将文件或文件夹从一个文件夹复制到另一个文件夹

B. 将文件或文件夹从一个文件夹移到另一个文件夹

C. 将文件或文件夹从一个磁盘复制到另一个磁盘
D. 将文件或文件夹送入剪贴板

70. 查看 Windows XP 的帮助，应按________键。

A. F1　　B. F2　　C. F5　　D. F8

71. 在 Windows 的资源管理器中，更改文件或文件夹的名字可使用______菜单下的“重命名”命令。

A. “文件”　　B. “转到”　　C. “收藏”　　D. “工具”

72. 在 Windows XP 环境下建立或删除关联，可以利用资源管理器中________命令。

A. “文件”菜单的“关联”　　B. “工具”菜单的“关联”
C. “查看”菜单的“文件夹选项”　　D. “编辑”菜单的“文件夹选项”

73. 在资源管理器左侧的一些图标前边往往有加号或减号，减号表示_______。

A. 以下各级子文件夹均已展开　　B. 下一级子文件夹已展开
C. 不存在下级子文件夹　　D. 下级子文件夹已隐藏

74. 如果有一张未格式化过的新盘，希望使它成为数据盘，则在使用格式化命令时，应选择_______选项。

A. 快速　　B. 数据　　C. 全面　　D. 仅复制系统文件

75. 在“资源管理器”或“我的电脑”中，有关“复制软盘”的叙述，不正确的是___。

A. 可以使用同一个软盘驱动器
B. 源盘和目标盘的容量大小相同
C. 目标盘上原有的内容会全部删除
D. 其目的是将源盘上的内容添加到目标盘上

76. 在进行智能 ABC 中文输入时，候选汉字选择区中不能显示全部汉字，可以用______进行前后翻页。

A. “+”和“-”　　B. “{”和“}”　　C. “=”和“-”　　D. PgUp 和 PgDn

77. 若要在 Windows 的“开始”菜单中添加一个应用程序，可以_______，在快捷菜单中选取“属性”命令项，才能添加。

A. 右击任务栏空白处　　B. 左击任务栏空白处
C. 右击任务栏任意处　　D. 左击任务栏任意处

78. 显示 Windows XP 工具栏的操作是：________，选“工具栏”命令。

A. 右击任务栏任意处　　B. 右击任务栏空白处
C. 右击桌面任意处　　D. 右击桌面空白处

79. 有关在 Windows 桌面上建立应用程序快捷方式的操作，_______是错误的。

A. 在桌面空白处，单击右键，选用“新建”菜单下的“快捷方式”命令
B. 在任务栏空白处，单击右键，选用“属性”命令
C. 在“我的电脑”或“资源管理器”中选用“文件”菜单的“创建快捷方式”命令
D. 按住鼠标右键，选择“在当前位置创建快捷方式”命令

80. 在 Windows XP 系统下关机，必须关闭所有打开的程序并保存当前的设置。因此，要使用“开始”菜单的“关闭系统”命令。下列项目中不属于“关闭系统”对话框中的选项

是__________。

A. 转入睡眠状态　　B. 注销　　C. 关闭计算机　　D. 重新启动计算机

2.3.2 判断正误题

1. 对于 Windows 中一个已打开的菜单，用鼠标单击其菜单名，则关闭该菜单。 (　)

2. 在 Windows XP 的某应用程序窗口操作中，用鼠标左键单击“最小化”按钮，则就关闭了该应用程序。 (　)

3. 用鼠标操作复制一个文件，可在 Windows XP 的资源管理器窗口中，先按住键盘的 Shift 键，再把选好的文件图标用鼠标拖到一个目录图标或驱动器图标下，放掉所按键即可。 (　)

4. Windows XP 的应用程序窗口与文档窗口的最大区别是后者不含菜单栏。 (　)

5. 在 Windows XP 中，将可执行文件从“资源管理器”或“我的电脑”窗口中用鼠标右键拖到桌面上可以创建快捷方式。 (　)

6. 用菜单进行文件或文件夹的移动，需要依次经过剪切、选择和粘贴。 (　)

7. 关闭一个应用程序窗口可以用 Ctrl+F4 组合键。 (　)

8. 当一个应用程序最小化后，该应用程序将被终止执行。 (　)

9. 在使用键盘操作时，可以同时按下 Ctrl 键和菜单项中带下划线的字母来选某个菜单项。 (　)

10. 更改桌面上的这些图标可以通过在桌面上单击右键，选择属性，再单击“外观”选项卡。 (　)

11. 在第一次与第二次单击鼠标期间，不能移动鼠标，否则双击无效，只执行单击命令。 (　)

12. 任务栏只能位于桌面的底部。 (　)

13. 控制面板是用来对 Windows XP 本身或系统本身的设置进行控制的一个工具集。 (　)

14. Windows XP 提供的记事本程序和写字板程序的功能是完全一样的，都是纯文本编辑器。 (　)

15. 文档窗口是应用程序窗口的子窗口。 (　)

16. 一个应用程序窗口只能显示一个文档窗口。 (　)

17. 一旦屏幕保护开始，原来在屏幕上的当前窗口就被关闭了。 (　)

18. 桌面上的图标完全可以按用户的意愿重新排列。 (　)

19. 关闭一个窗口就是将该窗口正在运行的程序转入后台运行。 (　)

20. 当用户为应用程序创建快捷方式时，就是将应用程序再增加一个备份。 (　)

21. 只有对活动窗口才能进行移动、改变大小等操作。 (　)

22. 为了获取 Windows XP 的帮助信息，可以在需要帮助时按 F1 键。 (　)

2.3.3　填空题

1. 操作系统的功能是__________。

2. 在 Windows 的画图软件中，使用“用颜色填充”工具进行涂色时，对________图形会发生色溢。

3. 对局域网中的计算机，Windows XP 通过________可以访问网中其他计算机中的信息。

4. 在某个文档窗口中已进行了多次剪切操作，并关闭了该文档窗口后，剪贴板中的内容为____________________。

5. Windows XP 操作系统在显示文件或文件夹时，即可以显示名称及大小等文字信息，也可以显示其________。

6. 若要安装或删除一个应用程序，必须先打开_______窗口，然后使用其中的“添加/删除程序”的功能。

7. 通过________可恢复被误删的文件或文件夹。

8. 若要进行窗口切换，应该按________。

9. 在 Windows XP 中，文件或文件夹具有________、________、________、_______4 种属性。

10. 在 Windows XP 操作系统中，计算机系统中的所有软件和硬件资源都可以用_______来浏览查看。

11. Windows XP 采用新的 VFAT 文件系统，同时支持______和_________。

12. Windows 将一些外部设备当作文件处理，这些和设备相关的文件称之为_________。

13. 在 Windows XP 启动并切换到 MS-DOS 方式后，若要再次进入 Windows XP，则可以使用__________命令来实现。

14. 在 Windows XP 的“资源管理器”中，对一个文件最多可以设置________种属性。

15. 若要设置文件或文件夹的属性，首先要用鼠标________。

16. 每当运行一个 Windows XP 的应用程序，系统都会在_______上增加一个按钮。

17. 在 Windows XP 中，利用查找对话框可以查找文件，若要查找文件名的第二个字母为“i”的所有文件，可以在查找对话框的名称处输入_______。

18. Windows XP 提供了________、________、________和_______4 种形式的菜单。

19. Windows XP 中，有些菜单选项的右端有一个向右的箭头，其意思是_________。

20. Windows XP 中，菜单中灰色的命令项代表的意思是____________。

21. 剪贴板是 Windows 中的一个重要概念，它的主要功能是_______________；它是 Windows 在__________中开辟的一块临时存储区。

22. 当利用剪贴板将文档信息放到这个存储区备用时，必须先对要剪切或复制的信息进行________操作。

23. 在 Windows XP 中，_________是安排在桌面上的某个应用程序的图标。如果要启动该程序，只需要____________该图标即可。

24. 在资源管理器窗口中，要想显示隐藏文件，可以利用________菜单中的“文件夹选项”来进行设置。

25. 在对文档实行修改后，既要保存修改后的内容，又不能改变原文档的内容，此时可以使用“文件”菜单中的__________命令。

26. 在资源管理器窗口中，有的文件夹前边带有一个加号，它表示的意思是________。

27. __________操作是对要操作的对象作标记，使之高亮度显示，以区别于其他的部分，它并不产生任何执行动作。

28. 在 Windows XP 中，一旦屏幕保护开始，则当前窗口处于__________状态。

29. 按________键，将立即删除选定的文件或文件夹，而不会将它们放入回收站。

30. 选定任意多个不连续的文件或文件夹时，要按住__________键，再单击各个文件或文件夹。

31. 按__________键，可以将当前窗口全部复制到剪贴板中。

32. 按__________键，可以把剪贴板上的信息粘贴到某个文档窗口的插入点处。

2.3.4 简答题

1. 操作系统的概念是什么？
2. 操作系统从功能上分为几种类型？
3. 在 Windows XP 中启动一个应用程序有哪几种途径？
4. 在Windows XP中，应用程序之间的数据交换有哪几种形式，它们各自的特点是什么？
5. 回收站的功能是什么？如何删除文件？

2.4 习题参考答案

2.4.1 单项选择题答案

1. B	2. C	3. D	4. A	5. C	6. A	7. A	8. B	9. D	10. A
11. B	12. B	13. C	14. A	15. C	16. B	17. B	18. D	19. B	20. A
21. C	22. B	23. A	24. B	25. D	26. C	27. A	28. A	29. A	30. B
31. B	32. D	33. A	34. A	35. D	36. A	37. B	38. D	39. B	40. A
41. A	42. B	43. D	44. D	45. A	46. B	47. A	48. A	49. C	50. D
51. B	52. D	53. C	54. D	55. A	56. A	57. B	58. C	59. B	60. B
61. D	62. B	63. D	64. B	65. B	66. A	67. C	68. A	69. D	70. A
71. A	72. C	73. B	74. C	75. D	76. C	77. A	78. B	79. B	80. B

2.4.2 判断正误题答案

1. √	2. ×	3. ×	4. √	5. √	6. ×	7. √	8. ×	9. ×
10. ×	11. √	12. ×	13. √	14. ×	15. √	16. ×	17. ×	18. √
19. ×	20. ×	21. √	22. √					

2.4.3　填空题答案

1. 提高软件和硬件资源的利用率、提供使用方便的用户界面

2. 不封闭　　3. 网络邻居　　4. 最后一次剪切的内容

5. 最后修改时间　　6. 控制面板　　7. 撤销

8. Alt +Tab 键　　9. 只读，存档，隐藏，系统　　10. 我的电脑

11. 短文件名，长文件名　　12. 驱动程序　　13. Exit

14. 4　　15. 选定需设置的文件或文件夹　　16. 任务栏

17. ?i*.*　　18. 开始菜单，控制菜单，菜单栏子菜单，快捷菜单

19. 该菜单项下面还有子菜单　　20. 当前不能选取执行

21. 传递信息，内存　　22. 选定　　23. 快捷方式，双击

24. 查看　　25. 另存为　　26. 还包含有子文件夹

27. 选定　　28. 后台运行　　29. Shift+Del

30. Ctrl　　31. Alt+PrintScreen　　32. Ctrl+V

2.4.4　简答题答案

(答案略。)

2.5　上机实验练习

2.5.1　实验一 Windows XP 基本操作

一、实验目的

1. 掌握 Windows XP 的启动和关闭。
2. 熟悉窗口和图标操作。
3. 掌握快捷方式的建立与使用。
4. 了解如何获取 Windows 的帮助信息以及其他一些基本操作。

二、实验内容

1. 进入 Windows XP，打开“我的电脑”窗口，熟悉 Windows XP 的窗口组成；然后练习下列操作。

(1) 移动窗口。

(2) 适当调整窗口的大小，使滚动条出现，然后滚动窗口中的内容。

(3) 先最小化窗口，然后再将窗口复原。

(4) 先最大化窗口，然后再将窗口复原。

(5) 关闭窗口。

2. 打开“我的电脑”窗口，并打开其中的“控制面板”(如果发现“控制面板”窗口替

换了原来的“我的电脑”，请先通过“我的电脑”窗口中的“工具”菜单，打开“文件夹选项”对话框，在“常规”选项卡中设置“在不同的窗口中打开不同的文件夹”)。然后进行下列操作：

(1) 通过任务栏和快捷键切换当前窗口。

(2) 以不同方式排列已打开的窗口(层叠、横向平铺、纵向平铺)。

(3) 打开“控制面板”窗口的控制菜单，单击“关闭”命令项，关闭该窗口。

(4) 在“我的电脑”窗口中，单击“查看”菜单下的“详细资料”命令项，观察窗口中的各项由原来的大图标改变为详细资料列表。

3. 通过任务栏查看当前日期和时间，如果不正确，请进行修改。

4. 分别通过以下方式启动“记事本”程序(程序文件为 C:\WINNT\Notepad.exe)，然后退出该程序。

(1) 通过“开始”|“程序”|“附件”菜单命令。

(2) 通过“我的电脑”窗口。

(3) 通过“开始”菜单的“运行”命令。

5. 启动“记事本”程序，单击任务栏上的输入法按钮，切换输入法，并进行输入练习，然后退出该程序(不保存文件)。

6. 在桌面上创建启动“记事本”程序的快捷方式。

7. 通过“开始”菜单的“帮助”命令，获取自己感兴趣的帮助信息。

8. 安全退出 Windows XP。

2.5.2　实验二 Windows XP 资源管理器的使用

一、实验目的

1. 熟悉资源管理器的窗口界面和基本操作。

2. 掌握文件和文件夹的各类操作。

二、实验内容

1. 打开资源管理器，对照教材熟悉资源管理器的窗口组成，然后进行下列操作：

(1) 隐藏暂时不用的工具栏，并适当调整左右窗格的大小。

(2) 改变文件和文件夹的显示方式及排序方式，观察相应的变化。

2. 在 C 盘上创建一个名为 Lx 的文件夹，再在 Lx 文件夹下创建一个名为 Lxsub 的子文件夹，然后进行下列操作。

(1) 在 C:\Winnt 文件夹中任选 4 个类型为“文本文档”的文件，将它们复制到 C:\Lx 文件夹。

(2) 将 C:\Lx 文件夹中的一个文件移动到 Lxsub 子目录。

(3) 在 C:\Lx 文件夹中创建一个类型为“文本文档”的空文件，文件名为 Mytxt。

3. 在“C:\Documents and Setting\×××\「开始」菜单”文件夹中建立启动“记事本”的快捷方式，然后单击“开始”菜单按钮，观察“开始”菜单有何变化。

4. 查看“Microsoft Word 文档”的文件类型，了解该类文件的默认扩展名、文件类型、打开方式等。

5. 查看任意文件夹的属性，了解该文件夹的位置，大小，包含的文件及子文件夹数，创建时间等信息。

6. 设置“资源管理器”窗口中的文件夹使文件以列表的形式显示。

7. 在“资源管理器”窗口的右窗格中，按类型排列 C 盘 Windows 文件夹中的文件与文件夹图标。

8. 在“资源管理器”窗口的左窗格中，练习折叠与展开文件夹。

9. 设置文件的属性为“只读”。

10. 仿资源管理器操作，试进行下列桌面操作：

(1) 在桌面上建立一个名为“我的常用程序”的文件夹。

(2) 在该文件夹中建立常用程序(例如资源管理器等)的快捷方式。

(3) 重命名、删除、恢复在桌面上建立的文件夹。

(4) 在桌面上建立资源管理器的快捷方式图标。

(5) 自动排列桌面上的图标。

2.5.3　实验三 Windows XP 的控制面板及环境设置

一、实验目的

学习如何利用控制面板熟练地进行各种环境设置。

二、实验内容

1. 通过“显示/属性”对话框(在控制面板中双击“显示”，或者右键单击桌面再选择“属性”命令)，进行下列设置操作。

(1) 选择名为 Windows XP 的墙纸，分别将其平铺、居中、拉伸在桌面上，然后观察实际效果。

(2) 取消墙纸，选择名为“菱形”的图案，然后观察实际效果。

思考：如果不取消墙纸，能否选择图案，结果如何?

(3) 选择名为“字幕显示”的屏幕保护程序，并将滚动的文字改为“你好！”，背景颜色改为蓝色，等待时间设置为 2 分钟，然后观察实际效果。

(4) 选择名为“麦色”的方案作为桌面的外观，并按自己的喜好更改桌面的颜色，然后观察实际效果。

(5) 将桌面的外观“恢复为 Windows 标准”方案，并取消图案及屏幕保护程序。

2. 在控制面板中打开“字体”文件夹，以“详细信息”方式查看本机已安装的字体。

3. 在控制面板中打开“鼠标”属性窗口，适当调整指针速度，并按自己的喜好选择是否显示指针轨迹及调整指针形状，然后恢复初始设置。

4. 在控制面板中打开“区域选项”属性窗口，选择“输入法区域设置”选项卡，进行下列操作：

(1) 删除“区位输入法”，添加“王码五笔型”输入法。

(2) 取消“启用任务栏上的指示器”设置，观察应用之后任务栏中指示器是否消失。然后还原设置。

(3) 了解“区域选项”其他选项卡的作用与使用。

2.5.4　实验四 Windows XP 各种附件的使用

一、实验目的

了解 Windows XP 各种附件的使用以及一些简单的系统优化工具的使用。

二、实验内容

1. 打开画图应用程序，设置前景色为红色，背景色为蓝色，然后画一个圆，圆内颜色填充为黄色，边线颜色填充为红色。将画好的图片文件保存到桌面(文件名自定)。

2. 打开系统工具“磁盘清理程序”、“磁盘碎片整理程序”，练习它们的使用。

2.5.5　实验五 Windows 7 新特性操作

一、实验目的

了解 Windows 7 各种新特性的操作方式。

二、实验内容

1. 练习 Windows 7 中常用特性的操作，观察其实现效果。

2. 开启语音识别功能，利用语音操作计算机。

3. 学习 XP 兼容模式的安装与使用。

第3章 Word 文字处理软件

3.1 基本知识点

1. 汉字编码知识

国标码：汉字编码的国家标准。一个汉字所在的区号和位号简单地组合在一起构成了该汉字的“国标区位码”。

输入码(外码)：用户在输入汉字时使用的汉字编码。其中比较流行的有全拼、智能、五笔等输入法。

机内码：计算机内部进行存储、处理、传输的统一使用代码。每一个汉字都有唯一的机内码，占二个字节，每个字节的最高位为“1”。

字型码：汉字模型的表示方法，用于显示和打印输出。全部汉字的字型码构成汉字库。

2. Word 2003 概述

(1) Word 2003 的特点和功能

Word 2003 是 Microsoft 公司推出的 Office 2003 中的一个重要组件，是一种功能强大的用于文字处理的办公软件，具有文字、图形及表格处理等功能，可方便地进行图文混排，还可以制作 Web 页，存取 HTML 文件等。

其功能有编辑处理功能、排版处理功能、表格处理功能、图形处理功能、页面排版和邮件合并功能、制作 Web 主页等功能。

(2) Word 2003 的工作窗口认识

工作窗口从上到下有标题栏、菜单栏、各种工具栏、标尺、编辑区、滚动条以及状态栏和任务窗格等。菜单栏提供了文件、编辑、视图、插入、格式、工具、表格、窗口和帮助 9 个菜单。状态栏有页码、行和列号等。工具栏可通过“视图”菜单的“工具栏”命令显示或隐藏。

3. 文档的基本操作

1) 创建或打开文档

(1) 创建新文档：使用“文件”菜单中的“新建”命令；或使用工具栏中的“新建文件”按钮；首次进入 Word 时自动创建“文档 1”。

(2) 打开旧文档：单击“文件”菜单底部列表中最近使用过的文件名；或者单击工具栏中的“打开”按钮；或者使用“文件”菜单中的“打开”命令。后两种打开方式将会弹出“打开”对话框，用户选择盘符、文件夹、文件名即可。

(3) 存储文档：单击工具栏中的“保存”按钮；或者执行“文件”菜单的“保存”或“另存为”命令。文档默认扩展名为.DOC。

2) 正文的输入

在录入文本时应注意以下问题：各行结尾时 Word 会自动换行，所以不要用 Enter 键，一个段落结束时才可用此键，表示分段；尽量避免使用空格键，文本对齐用段落缩进等实现。

3) 文本的选定、删除、移动和复制

选定文本：先选定，后操作，选中的文本反相显示，常拖动鼠标选定文本。可选单字、句子、块、一行或几行、一段或全部。

删除文本：选定文本，按 Del 键；或者单击工具栏中的“剪切”按钮；或者执行“文件”菜单中的“剪切”命令。

移动文本：选定文本，剪切，插入点定位目标处，粘贴；或者指针指向选定文本，用鼠标拖动到目标处。

复制文本：选定文本，复制，插入点定位目标处，粘贴；或者指针指向选定文本，按住 Ctrl 键的同时拖动鼠标到目标处。

4) 撤销和恢复操作

在编辑文本时，对一些误操作，可以通过执行撤销和恢复命令来补救过错。

单击工具栏的“撤销”和“恢复”按钮。

5) 文本的查找与替换

在编辑文档时，会经常查寻或更改一些文档内容，掌握查找和替换命令的运用对文档的编辑带来极大的方便。

查找：在“编辑”菜单中，执行“查找”命令，输入要查找的内容及格式。

替换：在“编辑”菜单中，执行“替换”命令，输入要查找及替换的内容，选择“替换”或“全部替换”按钮。

6) 文档的视图

页面：完全的所见即所得环境，可直观地显示页面设置、页眉、页脚、分栏、段落、字体、图片及图文混排等各种编辑效果。

大纲：适合对长文档进行编辑时在各部分间快速移动和整体版式控制。

普通：不能看到页眉、页脚及分栏。多用于一般文字录入时使用，并可进行文字、段落的排版编辑。

4. 页面的排版

1) 页面设置

在“文件”菜单中选择“页面设置”命令，可设置纸张大小、方向和来源，页面字数与行数，页边距等。

2) 页眉、页脚和页码

页眉和页脚：在页眉和页脚可加入文件名、页码、日期和单位名等文字或图形，页眉是位于页面顶部，页脚处于最下端。通过“视图”菜单中的“页眉和页脚”命令，自动弹出页眉和页脚工具栏。

强制分页：在“插入”菜单中单击“分隔符”选项，选中“分页符”选项。

页码：在“插入”菜单中单击“页码”选项，在弹出的页码对话框中进行设置。

5 文档的排版

1) 字符格式编排

字符格式是为字符设置字号、字体、字型、字间距和各种边框底纹的修饰。可用格式工具栏来实现；或者在“格式”菜单中选择“字体”命令，在弹出的字体对话框中进行设置。

若对相同的不连续文本，可以多次使用格式刷来设置相同格式的文本。

2) 段落格式编排

为整个段落设置段边距、首行缩进、对齐方式、行间距及段间距等。可用格式工具栏来实现；或者在“格式”菜单中执行“段落”命令，在弹出的段落对话框中设置，或者使用标尺和格式刷。

段落标记既标识了段落的结束，也存储了该段落的格式。

(1) 段落文本的对齐方式：有两端对齐、左对齐、居中、右对齐和分散对齐。

(2) 文本缩进：有首行缩进、悬挂缩进和右缩进。

(3) 行、段落间距。

(4) 制表符：单击制表符按钮，进入制表位窗口，设置制表位位置。

(5) 首字下沉：在“格式”菜单中执行“首字下沉”命令，设置下沉方式。

(6) 段落的边框和底纹：在“格式”菜单中执行“边框和底纹”命令，设置边框和底纹。

3) 项目符号与编号

选定列表项，单击“格式”菜单，执行“项目符号和编号”命令。

4) 分栏

选中要分栏的段落，单击“格式”菜单，执行“分栏”命令，在弹出的对话框中设置栏数、栏间距、分隔线等。

5) 样式

样式是一组已命名的字符和段落格式的组合，为不同段落具有相同格式提供方便。先选中要应用样式的段落，然后在格式工具栏的“样式”列表框中选择样式名。或者在“格式”菜单中，单击“样式和格式”命令，弹出“样式和格式”任务窗格，选择样式名。

6) 模板

模板为整篇文章设置相同的格式。模板的扩展名为.DOT 的一种特殊的 Word 文档。

在“文件”菜单中选择“新建”命令，在弹出的新建文档任务窗格中执行本机上的模板，选择所需的模板。

6. Word 表格

1) 表格的建立

包括插入空表、绘制自由表格、文本转换成表格和输入表格内容。

2) 表格的编辑

选定编辑对象，插入、删除、移动、复制行或列，改变行高与列宽，合并、拆分单元格和表格。

3) 格式化表格

包括表格及内容的对齐、表格加边框及底纹、表格的计算、表格的排序、由表生成图等操作。

7. Word 2003 的图形功能

可直接插入到 Word 文档中并对其进行编辑的图形有：剪辑库中的图片、Windows XP 提供的图形文件、“艺术字”、用数学公式编辑器建立的数学公式、通过“绘图”工具栏绘制的自选图形等。

1) 插入图形

插入剪贴画：剪辑库中有大量的剪贴画、图片、声音和图像。定位插入点，在“插入”菜单中选择“图片”|“剪贴画”命令，选择图片。

插入图形文件：可直接插入的图形文件有.BMP、.WMF、.PNG 和.JPG 等。点定位插入，在“插入”菜单中选择“ 图片”|“来自文件”命令，选择文件。

2) 图形的编辑

选定图形、缩放、裁剪、移动、复制、删除、改变图形的环绕方式(浮动式、嵌入式等)以及改变图片的颜色亮度等。

3) 绘制图形

单击绘图工具栏的“自选图形”按钮，在编辑区按下左键并拖动鼠标。

4) 艺术字

在“插入”菜单中选择“图片”|“艺术字”命令，或单击绘图工具栏中的“插入艺术字”图标。

5) 公式编辑器

插入点定位，在“插入”菜单中选择“对象”命令，在“新建”选项卡中选择“Microsoft 公式 3.0”。

6) 图文混排

文本框是实现图文混排的有力工具，可将文档中的任何内容(文字、表格、图片及其混合物)装入方框中。

8. 文件的打印

1) 打印预览

在“文件”菜单中选择“打印预览”命令，预览打印输出的效果，或者在工具栏中单击“打印预览”按钮。

2) 打印文档

在“文件”菜单中选择“打印”命令，在对话框中设置打印参数。

9. Word 2003 其他功能

(1) 题注：给表格、图形、文本等项目添加的一种带编号的注解。

在“插入”菜单中选择“引用”|“题注”命令，弹出“题注”对话框。

(2) 注释：对文档中的个别术语所作的进一步说明，分为“脚注”和“尾注”。

在“插入”菜单中选择“引用”|“脚注和尾注”命令，在弹出的“脚注和尾注”对话框中进行设置。

(3) 书签：对选定的文本、图形、表格以及其他项目的一种特定标记。书签可以在屏幕中显示为一对方括号，书签是不可以打印字符。在“插入”菜单中单击“书签”命令，弹出“书签”对话框，进行设置。

(4) 交叉引用：在文档的某一位置引用同一文档或不同文档的某一项目。在“插入”菜单中选择“引用”|“交叉引用”命令，弹出“交叉引用”对话框。

3.2　重点和难点

1. 重点

本章的重点是 Word 2003 的基本概念；Word 2003 的基本操作包括文档的创建、打开与编辑，文档的查找与替换，多窗口编辑，文档的保存、复制、删除、显示与打印，文档字符格式的设置，段落格式和页面格式的编排，Word 2003 的图形功能，Word 2003 的表格制作等。

2. 难点

本章的难点是输入码、国标码、机内码和字型码之间的关系及区位码、国标码和机内码之间的换算，长文档的编辑、索引和目录的创建、多级项目编号、文档设置不同的页眉页脚及图文混排等。

3.3　习　　题

3.3.1　单项选择题

1. 一个字的区位码是 54 48D，那么它的国标码是________。

A. 54 48H　　B. 56 50H　　C. 36 30H　　D. 36 48H

2. 下列不属于输入码的是________。

A. 智能 ABC　　B. 五笔　　C. 紫光　　D. 内码

3. 用户以输入码形式向计算机输入的汉字信息在计算机内部以_____进行存储和处理。

A. 内码　　B. 外码　　C. 字模　　D. 国标码

4. 以下是用十六进制表示两个连续的存储单元的内容，其中哪个汉字编码的国标码是2B2C？_______。

A. BACH　　B. 1234H　　C. BBBBH　　D. ABCDH

5. 下列汉字输入法中，________输入法是以汉语拼音方案为基础的输入编码。

A. 区位码　　B. 郑码　　C. 智能 ABC　　D. 五笔字型

6. 在 Word 中选定正在编辑的整个段落，可以将鼠标指针移到选定栏，再__________。

A. 单击鼠标右键　　B. 双击鼠标左键　　C. 双击鼠标右键　　D. 三击鼠标左键

7. 假设 Word 中正在编辑已输入了 4 个段落的文档，现在插入点在第三段第一行上，在按下 Home 键、Delete 键后，则___________。

A. 将第二段和第三段合并为一段　　B. 删除第二段最后一个字

C. 删除第三段第一个字　　D. 删除整个文档最后一个字

8. 在 Word 编辑文本时要输入 A1 ，这里的“1”可以采用下标形式，设置下标用______命令。

A. “格式”菜单中的“标号”　　B. “工具”菜单中的“下标”

C. “格式”菜单中的“字体”　　D. “表格”菜单中的“公式”

9. 在 Word 编辑文本时，将文档中所有的“text”都改成“课本”，可用_______操作最方便。

A. 中文转换　　B. 替换　　C. 改写　　D. 翻译

10. 为了避免在编辑操作过程中突然掉电造成数据丢失，应_______。

A. 在新建文档时即保存文档　　B. 在打开文档时即做保存操作

C. 在编辑时每隔一段时间做一次存盘　　D. 在文档编辑完成时立即保存文档

11. 在 Word 表格中，关于单元格的说法正确的是__________。

A. 只能是文字　　B. 不可单独进行排版和编辑

C. 只能是图像　　D. 文字、符号、图像均可

12. 在 Word 中，需要到达文档的某一位置可使用定位操作，下列不能打开“定位”对话框的操作是_______。

A. 单击“编辑”菜单下的“定位”　　B. 按 F5 键

C. 使用快捷键 Ctrl+G　　D. 使用“插入”菜单下的“页码”命令

13. 下列关于在 Word 中进行页面操作的说法错误的是_______。

A. 可以根据需要设置页边距　　B. 可以设置纸型以及高度

C. 页眉页脚设置不能分奇偶页　　D. 可以指定每页的行数以及每行的字符数

14. 下列有关 Word 中段落分隔符的叙述，错误的是________。

A. 分隔符也能打印出来　　B. 不可以自动分段

C. 段落标记可以隐藏　　D. 删除分隔符标志可将两段合成一段

15. 在 Word 中，关于“查找/替换”操作的说法错误的是________。

A. 查找内容可以设置是否区分大小写

B. 可以指定查找内容的字体

C. 可以使用通配符

D. 可以利用“同音”查找汉语中读音相同的字

16. 在 Word 中处理表格时，下列操作正确的是_________。

A. 选定表格，按 Delete 键即可删除表格

B. 选定表格按 Ctrl+X 键即可删除表格

C. 通过表格菜单删除单元格，仍可保留文字

D. 通过表格菜单可将任意格式的文字转换成表格

17. 在页面视图所显示的文档中，下列修饰性细节不能打印出来是______。

A. 文字的动态效果　B. 阴影　C. 空心　D. 删除线

18. 下列_______方法无法打开最近编辑的文档。

A. 启动 Word 后，选择“文件”菜单下的“打开”命令

B. 在“文件”的下拉菜单的最近使用文档列表中选择

C. 在“开始”的“文档”中选择最近使用过的

D. 在窗口菜单下的文档列表中选择

19. 在使用 Word 文本编辑软件时，若要把文章中所有出现的“计算机”三字都改成以斜体显示，可以选择_________功能。

A. 样式　B. 改写　C. 替换　D. 粘贴

20. 能显示页眉和页脚的方式是_______。

A. 普通视图　B. 页面视图　C. 大纲视图　D. 全屏显示

21. 段落标记是在输入______之后产生的。

A. 句号　B. Enter　C. Shift+Enter　D. 分页号

22. 将文档中的一部分文本内容复制到别处，先要进行的操作是_______。

A. 粘贴　B. 复制　C. 选择　D. 视图

23. 在 Word 编辑状态下，当前输入的文字显示在_______。

A. 鼠标光标点　B. 插入点　C. 文件尾部　D. 当前行尾部

24. Word 编辑状态下，操作的对象经常是被选择的内容，若鼠标在某行行首的左边，下列________操作可以仅选择光标所在的行。

A. 单击鼠标左键　B. 将鼠标左键击三下　C. 双击鼠标左键　D. 单击鼠标右键

25. Word 文档文件的默认类型是_________。

A. TXT　B. DOC　C. WPS　D. BLP

26. 在 Word 的编辑状态下，文档中有一行被选择，当按 Del 键后_______。

A. 删除了插入点所在的行　B. 删除了被选择的一行

C. 删除了被选择行及其之后的所有内容

D. 删除了插入点及其之前的所有内容

27. 若要将在 Windows 的其他软件环境中制作的图片复制到当前 Word 文档中，下列说法中正确的是＿＿＿＿＿＿＿＿。

A. 不能将其他软件中制作的图片复制到当前 Word 文档中

B. 可以通过剪贴板将其他软件的图片复制到当前 Word 文档中

C. 先在屏幕上显示要复制的图片，当打开 Word 文档时便可以将图片复制到 Word 文档中

D. 先打开 Word 文档，然后直接在 Word 文档环境下显示要复制的图片

28. 在 Word 的选择框内经常显示一些单位，下列＿＿＿＿符号代表的单位最大。

A. in　　B. cm　　C. mm　　D. Pt

29. Word 文档中，每个段落都有自己的段落标记，段落标记的位置在＿＿＿＿＿。

A. 段落的首部　　B. 段落的结尾处

C. 段落的中间位置　　D. 段落中，但用户找不到的位置

30. Word 具有分栏功能，下列关于分栏说法正确的是＿＿＿＿＿。

A. 最多可以设四栏　　B. 各栏的宽度必须相同

C. 各栏宽度可以不同　　D. 各栏之间的间距是固定的

31. 中文版 Word 2003 编辑软件的运行环境是＿＿＿＿＿。

A. DOS　　B. WPS　　C. Windows XP　　D. 高级语言

32. 在 Word 编辑状态下，若要调整左右边界，利用下列 ＿＿＿＿方法更直接、快捷。

A. 工具栏　　B. 格式栏　　C. 菜单　　D. 标尺

33. 在 Word 中，若要将某一段分成两段，可以先将插入点移到分段的地方，再按＿＿＿键。

A. Enter　　B. Insert　　C. Ctrl+Insert　　D. A1t+Insert

34. Word 窗口的常用工具栏中，图标＿＿＿＿＿的用途为存储文件。

A.　　B.　　C.　　D.

35. 在 Word 中，鼠标双击选定栏，一般表示选定＿＿＿＿＿＿。

A. 全部文档　　B. 一句　　C. 一行　　D. 一段

36. 在 Word 编辑文档时，若要将一段文字复制到全文最后，可以采用＿＿＿＿操作。

A. 复制　　B. 粘贴　　C. 复制+粘贴　　D. 剪切+粘贴

37. 在 Word 中，若要使两个已输入的汉字重叠，可以利用“格式”菜单的＿＿＿命令进行设置。

A. “字体”　　B. “重叠”　　C. “紧缩”　　D. “并排字符”

38. 在 Word 中，段落“缩进”后打印出来的文本，其文本相对于打印纸边界的距离为＿＿＿＿＿。

A. 页边距　　B. 缩进距离

C. 悬挂缩进距离　　D. 页边距+缩进距离

39. 在 Word 中，当插入了图片后，希望形成水印图案，即文字和图案重叠，既能看到文字又能看到图案，则应＿＿＿＿＿。

A. 将图形置于文本层之下　　B. 设置文本与文本同层

C. 将图形置于文本层之上　　D. 在图形中输入文字

40. 下列不属于 Word 提供的辅助应用程序的是_______。

A. 公式编辑器　B. 艺术字　C. 图表　D. 自动图文集

41. Word 中关于自动更正和自动图文集功能的叙述，哪条是错误的？_______

A. “自动更正”功能可以自动更正误拼的单词

B. 使用“自动图文集”功能需对选定的文本或图形先创建为“自动图文集”词条

C. 使用“自动更正”功能需先创建自动更正词条

D. “自动更正”和“自动图文集”的基本功能是相同的

42. Word 字型和字体、字号的默认设置值是_______。

A. 标准型，宋体，四号　　B. 标准型，宋体，五号

C. 标准型，宋体，六号　　D. 标准型，仿宋体，五号

43. 在 Word 的以下视图中，能方便地进行图形对象处理(插入图片、图表、文本框、图文)的视图是_______。

A. 普通视图　B. 页面视图　C. 大纲视图　D. 主控文档视图

44. 在 Word 文档的以下视图中，能帮助用户编写文章大纲，又可方便地查看文章结构视图的是________。

A. 联机版式视图　B. 页面视图　C. 大纲视图　D. 主控文档视图

45. 若要在 Word 的文档中创建插入美术字，应选用下列程序中的________。

A. WordArt　B. Equation　C. Graph　D. OLE

46. 若要将 Word 等字处理软件系统创建的文稿读入 PowerPoint 2003 中，应在下列哪个视图中进行？_______

A. 幻灯片视图　　B. 幻灯片浏览视图

C. 大纲视图　　D. 备注页视图

47. Word 相对于其他字处理软件而言，最大的优点是_________。

A. 可进行图文混排　　B. 可设置各种字体、字型、字号

C. 强大的制表功能　　D. 编辑速度快

48. Word 默认的存放编辑文档的文件夹是________。

A. Windows　　B. USER

C. My Document　　D. 用户任意设置的目录

49. 在 Word 中建立的文档文件，不能用 Windows 中的记事本打开，这是因为________。

A. 文件是以. Doc 为扩展名　　B. 文件中含有汉字

C. 文件中含有特殊控制符　　D. 文件中的西文有“全角”和“半角”之分

50. 在编辑 Word 文档时，若要保存正在编辑的文件但不关闭和退出，则可按_______键来实现。

A. Ctrl+S　B. Ctrl+V　C. Ctrl+N　D. Ctrl+O

51. 在 Word 中，有关“自动更正”功能的叙述中，正确的是__________。

A. 可以自动扩展任意缩写文字

B. 可以理解缩写文字，并进行翻译

C. 可以检查任何错误，并加以纠正

D. 可以自动扩展定义过的缩写文字

52. 在 Word 中调节行间距，应该选择__________命令。

A. “插入”菜单中的“分隔符”　　B. “格式”菜单中的“字体”

C. “格式”菜单中的“段落”　　D. “视图”菜单中的“缩放”

53. 在 Word 中插入一张空表时，当“列宽”设为“自动”时，系统的处理方法是_______。

A. 根据预先设定的默认值确定　　B. 设定列宽为 10 个汉字

C. 设定列宽为 10 个字符　　D. 根据列数和页面设定的宽度自动计算确定

54. 在 Word 中设置字符颜色，应先选定文字，再选择“格式”菜单中的“___”命令。

A. 段落　　B. 字体　　C. 样式　　D. 颜色

55. 在 Word 编辑过程中，使用_______键盘命令可将插入点直接移到文章末尾。

A. Shift+End　　B. Ctrl+End

C. Alt+End　　D. End

56. 在 Word 编辑过程中，为了选定大段连续的行，可以先用鼠标在选定栏单击第一行，然后利用___①___，把最后一行显示在屏幕上，再按住___②___键，并用鼠标单击该行的选定栏。

① A. 状态栏　　B. 工具栏　　C. 滚动栏　　D. 标尺栏

② A. Ctrl　　B. Alt　　C. Shift

57. 启动 Word 2003 的方法中，常规启动法第一步是单击__________。

A. 鼠标左键　　B. 鼠标右键

C. 屏幕底部左下角“开始”按钮　　D. Windows 任一图标

58. “文件”菜单中“关闭”命令的意思是____________。

A. 关闭 Word 窗口连同其中的文档窗口，并退到 Windows XP 窗口

B. 关闭文档窗口，并退到 Windows XP 窗口中

C. 关闭 Word 窗口连同其中的文档窗口，退到 DOS 状态下

D. 关闭文档窗口，但仍在 Word 内

59. “文件”菜单中“退出”命令的意思是_________。

A. 关闭 Word 窗口连同其中的文档窗口，并退到 Windows XP 窗口

B. 关闭 Word 窗口连同其中的文档窗口，退到 DOS 状态下

C. 退出 Word 窗口并关机

D. 退出正在执行的文档，但仍在 Word 窗口中

60. 改变窗口尺寸，首先应将鼠标放在__________。

A. 窗口内任一位置　　B. 窗口四角或四边　　C. 窗口右上角按钮

D. 窗口标题栏　　E. 窗口左上角控制按钮　　F. 窗口滚动条上

61. 打开菜单可以用控制键______和各菜单名旁带下划线的字母。

A. Ctrl　　B. A1t　　C. Shift　　D. Ctrl+Shift　　E. A1t+Shift

62. 菜单命令的快捷键一般在______可以查到。

A. 菜单名旁带下划线的字母　　B. 单击鼠标右键出现的菜单中

C. 菜单命令旁

63. 菜单命令旁带“…”表示______。

A. 该命令当前不能执行　　B. 可按“…”不执行该命令

C. 执行该命令会打开一对话框

64. Word 对话框中______的选择方式是开关形式。

A. 选择按钮　　B. 复选框　　C. 文本框　　D. 列表板

65. 以下各项在 Word 的屏幕显示中不可隐藏的是______。

A. 常用工具栏和格式工具栏　　B. 菜单栏和状态栏

C. 符号栏和绘图工具栏　　D. 标尺和滚动条

66. 打开的 Word 文件名可以在______找到；常用的打印按钮可以在______找到；字体、字号按钮可以在______找到。

A. 文本编辑区　　B. 标题栏　　C. 菜单栏

D. 工具栏　　E. 格式工具栏

67. 在“文件”菜单底部有若干文件名，其意思是______。

A. 这些文件目前均处于打开状态

B. 这些文件正在排队等待打印

C. 这些文件最近用 Word 处理过

D. 这些文件是当前目录中扩展名为 DOC 的文件

68. 新建 Word 文件的快捷键是______。

A. Ctrl+O　　B. Ctrl+S　　C. Ctrl+N　　D. Ctrl+V

69. 在 Word 窗口中，利用______可方便地调整段落伸出、缩进，页面上下左右边距、表格的列宽和行高。

A. 标尺　　B. 格式工具栏　　C. 常用工具栏　　D. 表格工具栏

70. 如果要按一定的模板新建 Word 文件，应采用______。

A. 工具栏按钮方法　　B. 菜单方法　　C. 快捷键方法

71. 打开 Word 文件的快捷键是______。

A. Ctrl+O　　B. Ctrl+S　　C. Ctrl+N　　D. Ctrl+V

72. 在 Word 环境中，不用打开“文件”对话框就能直接打开最近使用过的 Word 文件的方法是______。

A. 工具栏按钮方法　　B. “文件”菜单中的“打开”命令

C. 快捷键　　D. “文件”菜单中的文件列表

73. 关闭当前文件的快捷键是______。

A. Ctrl+F6　　B. Ctrl+F4　　C. Alt+F6　　D. Alt+F4

74. 对文件 A. doc 进行修改后退出时，Word 会提问："是否保存对 A. doc 所做的修改"，如果希望保留原文件，将修改后的文件存为另一文件，应当选择"________"按钮。

A. 是　B. 否　C. 取消　D. 帮助

75. 如果想要设置定时自动保存，应按下列步骤：__________。

A. 选择"文件"菜单中的"另存为"命令，打开"文件"对话框

B. 选择"文件" 菜单中的"属性"命令

C. 选择"工具" 菜单中的"选项"命令，然后打开"选项"对话框中的"保存"选项卡

76. 用快捷键退出 Word 的最快方法是______。

A. Alt+F4　B. Ctrl+F4　C. Alt+F，X　D. Esc

77. 用英文录入文件时，大小写切换键是_______，还可以在按下_________的同时按字母来关闭大小写。

A. Tab　B. Caps Lock　C. Ctrl　D. Shift　E. Alt

78. 选择输入方法的快捷键为_________；切换中英文输入的快捷键为_______。

A. Ctrl+空格　B. Shift+空格　C. Ctrl+Shift　D. Alt+Shift

79. 用鼠标选择输入法时，可以单击屏幕_______方的输入法选择器。

A. 左上　B. 左下　C. 右下　D. 右上

80. Word 的录入原则是_________。

A. 可任意加空格、回车键　B. 可任意加空格，不可任意加回车键

C. 不可任意加空格，可任意加回车键　D. 不可任意加空格、回车键

3.3.2　双项选择题

1. 在 Word 2003 中，下列有关表格的说法，正确的是_________。

A. 可以将文本转化为表格　B. 不可将表格转化为文本

C. 可以更改表格边框的线型　D. 表格中只能输入正文，不能输入图形

2. 在 Word 2003 中对文档的某些内容作注释，可采用脚注或尾注，下列说法正确的是_________。

A. 脚注正文放在所在节的底部

B. 脚注正文放在所在页的底部

C. 注释由引用标记和注释正文构成

D. 删除了注释正文，也就删除了注释(包括标记)

3. 对 Word 2003 编辑软件来说，"格式"菜单的"段落"命令中可实现的操作有______。

A. 设置段落间距　B. 设置行间距

C. 设置字符间距　D. 设置首字下沉

4. Word 的_______操作具有替换文档内容的功能。

A. 样式　B. 自动图文集　C. 书签　D. 自动更正

5. 利用下列______方法可以实现在 Word 文档中建立一张表格。

A. 工具栏上的"插入表格"按钮　B. "表格"菜单中的"公式"栏

C. “表格”菜单中的“绘制表格”项　D. “插入”菜单下的“对象”项

6. Word 2003 采用视图方式显示文档，Word 提供了多种视图，下列为 Word 视图的是：______。

A. 普通视图　B. 备注页视图　C. 正文视图　D 大纲视图

7. 利用 Word 的标尺可以完成多种编辑功能，水平标尺可以完成的功能是______。

A. 段落缩进　B. 调整字符间距

C. 调整页面上下页边距　D. 改变表格的列宽

8. 文档文件与文本文件的主要区别是________。

A. 是否允许插入打印格式、排版格式控制符　B. 是否允许含有 ASCII 码

C. 是否允许含有汉字　D. 是否具有通用性

9. 以下关于 Word 的使用叙述中，正确的有__________。

A. 按下“显示/隐藏”按钮，则可显示所有被隐藏的文字，包括空格及回车符

B. 可直接按下“右对齐”按钮而不用选定，对插入点所在行进行设置

C. 若选定文本后，单击“粗体”按钮，则选定部分字体全部变成粗体

D. 单击“格式刷”按钮，可以复制多次

10. 在 Word 中，现要把某处已存在的“computer”更改为“COMPUTER”，则可以__________。

A. 利用“替换”命令　B. 利用“更正大小写”命令

C. 利用“自动更正”命令　D. 利用拼写检查功能检查

11. 在 Word 中已打开多个文档，将当前活动文档切换成其他文档，可以 ________。

A. 使用“文件”菜单　B. 使用任务栏

C. 使用“视图”菜单　D. 使用“窗口”菜单

12. 在“字体”对话框中，可设置的效果有_________。

A. 删除线　B. 上标　C. 居中　D. 分页

13. Word 中的工作窗口__________。

A. 可以任意移动或改变尺寸　B. 不可移动最大化窗口

C. 可以同时激活两个窗口　D. 只能在激活窗口中输入汉字

14. Word 打开文件的功能有_________。

A. 打开任意多个文件　B. 打开文件的数目取决于内存大小

C. 一次可以打开多个文件　D. 可以打开任何类型的文件

15. 创建模板，下列说法正确的是_________。

A. 在“文件”菜单下的“新建”命令中选取“模板选项”

B. 在“文件”菜单下选取“模板”命令

C. 根据已有的文件创建一个模板

D. 根据已有的模板不能创建另一个模板

16. 有关工具栏的情况，正确的是__________。

A. 工具栏只在所定义的模板中有效

B. 在 Word 中，用户可以自行定义、创建、修改、复制和删除工具栏

C. 工具栏总是显示在屏幕上

D. 任何按钮都可以从一个工具栏复制到另一个工具栏

17. 如果要隐藏或显示表格工具栏，下列说法正确的是：_______。

A. 不能从“工具”菜单中的“自定义”命令对话框中进行设置

B. 可以从“视图”菜单中的“工具栏”命令子菜单内进行设置

C. 在工具栏区单击鼠标右键，从打开的快捷菜单中进行设置

D. 选择“视图”菜单中的“全屏显示”命令

18. 在 Word 中关闭文件时，_________。

A. 可以关闭文件而不退出 Word

B. 可以退出 Word 而不关闭文件

C. 可以不保存所做的修改而关闭文件

D. 不可以单独关闭同一个文件的几个活动窗口中的一个

19. 退出 Word 可以选择下列操作之一：_________。

A. 双击 Word 左上角的小方框　　B. 在“文件”菜单下选择“退出”命令

C. 按 Shift+F4 键　　D. 在“文件”菜单下选择“关闭”命令

20. Word 具有强大的文档保护功能，可以做到___________。

A. 忘记口令时也能打开所需文件

B. 隔一定时间自动保存当前文档

C. 一次保存所有打开文件、模板、目录及自动图文集文件

D. 不能用多种格式保存文件

3.3.3　填空题

1. 在 Word 中初次保存文档同时设置密码的操作在_______中，单击“工具”按钮，然后选择“安全措施”选项。

2. 若一个字的区位码为 54 36 ，则其机内码为________。

3. 在 Word 编辑状态，要把一个段落分成两个段落，应进行的操作是在需分段处按下_________ 键。

4. 在 Word 中，若在一行文本中双击左键，则表示选定___________。

5. 在 Word 中，已插入一张多行多列的表格，现插入点位于表格中某个单元格内，使用“表格”菜单中的“选定行”命令后，合并单元格，然后将光标移到没有合并的单元格内再使用“表格”菜单中的“选定列”命令，则表格中被选中的部分是光标所在的_________以及被合并的单元格。

6. 在 Word 中，用扩展方式选取文本，可按键盘上的_____键或者用鼠标单击_____栏上的“扩展”框。预关闭扩展方式，可直接按________。

7. 在 Word 中，通过________菜单下的_____操作可以编辑页眉和页脚。

8. 在 Word 中，若需要自动将误拼的单词更正，则要进行添加__________的文本操作。

9. 使用 Word 时，用户错误地删除了某文本，可用工具栏中的“________”按钮将被删除的文本恢复。

10. 在 Word 中，“编辑”菜单“剪切”命令的作用是将________的内容移到________上。

11. 在 Word 中，将常用的文本或图形定义为一词条名后，每次利用词条名可达到快速简便输入的目的。这种方法是采用了______或______。

12. 在 Word 中，若要把原来的 Word 文档文件 a.doc 以文件的格式存盘，应使用“文件”菜单下的“__________”命令。

13. 在 Word 中，利用__________可以很直观地改变段落的缩进方式，也可以调整页的左右________边距。

14. 在 Word 中，若要把文档第 3 页~第 6 页及第 10 页的内容打印时，其打印范围应填上_________。

15. Word 文档分______、文本层、文本层之下的层 3 个层次。

16. 用 Word 编辑文档时插入图像的形式有两类，一类称为嵌入，另一类称为______。

17. 在 Word 中，有时为了保持表格的完整性，往往采用人工分页，实现人工分页的方法是：先将插入点移到要分页处，再使用“插入”菜单的_______命令。

18. 在 Word 窗口的文本区中，有一个闪烁的“I”光标，称为_____。

19. 在 Word 文档窗口左边有一列空列，称为选定栏，其作用是选定文本，其典型的操作，当鼠标指针位于选定栏，单击左键则选定________，双击左键则选定_______，三击左键则选定_____。

20. 在 Word 中，要想把一些常用的文本字段和复杂的表格、图形方便地插入文稿，可以利用 Word 提供的________功能。

21. 在 Word 中浏览文稿时，若要把插入点快速移到文章头，可按_______键；若要将插入点快速移到文章尾部，可按______键。

22. 查找和替换命令是 Word 编辑文稿非常有用的工具，如果要把一篇文稿中的“Computer”替换成“计算机”，应选择“编辑”菜单中的________命令，在出现的“查找和替换”对话框的“查找内容”栏中输入“______”，在“替换为”框中输入“_____”，然后单击“全部替换”按钮。

23. 在 Word 文稿中插入图片，可以直接插入，也可以在_________中插入。

24. 在 Word 编辑状态，要把两个相邻的段落文字并为一段，应进行的操作是删除两段间的_______标记。

25. 在 Word 中，单击鼠标________可以取得与当前工作相关的快捷菜单，方便快速地选择命令。

3.3.4　判断正误题

1. 在 Word 中双击改写状态框使“改写”双字变浓，表明当前的输入状态已设置为改写状态。　(　　)

2. 在 Word 中，宏录制器不能录制文档正文中的鼠标操作，但能录制文档正文中的键盘操作。　(　　)

3. Word 中的替换命令与 Excel 中的替换命令功能完全相同。　(　　)

4. Word 中的自动更正功能仅可替换文字，不可替换图像。　( )

5. 在 Word 中，对已输入的文字，利用“字体”对话框更改其格式时，必须事先选定这些文字；而对某个已输入的段落，利用“段落”对话框更改其格式时，可不必事先选定整个段落。　( )

6. 在 Word 中将某段已选定的文字设置为黑体的操作为：选择“格式”菜单的“字体”命令，将其颜色改为黑色，单击“确定”按钮。　( )

7. Word 和 Excel 软件中都有一个编辑栏。　( )

8. 一旦在 Word 编辑的文稿中设置了人工分页符(硬分页符)，这种硬分页符就不能再取消。　( )

9. 在 Word 中，建立交叉引用的项目必须在同一文档中。　( )

10. 用 Word 所制作的表格大小有限制，一般表格的大小不能超过一页。　( )

11. 用 Word 编辑文本时，若要删除文本区中某段文本的内容，可先选取该文本，再按 Delete 键。　( )

12. 用 Word 2003 制作表格，其表格线不占字节，称为非字符型表格。　( )

13. 在中文 Word 2003 文档窗口中可以直接读取 WPS 编辑的文本文件。　( )

14. 在使用 Office 的各个软件的过程中，经常会弹出一个名叫“大眼夹”的 Office 助手，它是一种装饰图案，没有什么用处。　( )

15. 在 Word 文本中，一次只能定义唯一一个连续的文本块。　( )

16. 宏病毒就是 Word 中的宏。　( )

17. 当前标题内容文档名是“文档 1”时，表明这是一个尚未取名和从未保存过的文档。

18. 单击“还原”按钮可使窗口还原到最大窗口状态。　( )

19. “最小”行距是指如果文字超出规定距离，超出部分将无法显示和打印出来。　( )

20. “最小”行距是指各种行距设置中，行距最小的一种行距设置。　( )

3.3.5 简答题

1. 中文版 Word 2003 的基本操作界面由哪几部分组成？

2. 文本框的功能是什么？

3. 如何建立“交叉引用”？

4. 若要一次全部关闭所打开的文档，应如何操作？

5. “题注”的添加有几种方法？

3.4 习题参考答案

3.4.1 单项选择题答案

1. B　　2. D　　3. A　　4. A　　5. C

6. B	7. C	8. C	9. B	10. C
11. D	12. D	13. C	14. A	15. D
16. B	17. A	18. D	19. C	20. B
21. B	22. C	23. B	24. A	25. B
26. B	27. B	28. A	29. B	30. C
31. C	32. D	33. A	34. D	35. D
36. C	37. A	38. D	39. A	40. D
41. D	42. B	43. B	44. C	45. A
46. C	47. A	48. C	49. C	50. A
51. D	52. C	53. D	54. B	55. B
56. C，C	57. C	58. D	59. A	60. B
61. B	62. C	63. C	64. B	65. B
66. B，D，E	67. C	68. C	69. A	70. B
71. A	72. D	73. B	74. C	75. C
76. A	77. B，D	78. C，A	79. C	80. D

3.4.2　双项选择题答案

1. AC	2. BC	3. AB	4. BD	5. AC
6. AD	7. AD	8. AD	9. AB	10. AB
11. BD	12. AB	13. BD	14. BC	15. AC
16. BD	17. BC	18. AC	19. AB	20. BC

3.4.3　填空题答案

1. “保存”对话框
2. D6 C4H
3. Enter
4. 一个单词
5. 列
6. F8，状态，Esc 键
7. 视图，页眉和页脚
8. 自动更正
9. 撤销
10. 选定，剪贴板
11. 自动更正，自动图文集
12. 另存为
13. 标尺，页面
14. 3-6，10
15. 绘图层
16. 链接
17. 分隔符
18. 插入点
19. 一行，一段，整个文档
20. 自动图文集
21. Ctrl+Home，Ctrl+End
22. 替换，Computer，计算机
23. 文本框
24. 段落
25. 右键

3.4.4　判断正误题答案

1. √　2. √　3. ×　4. √　5. √　6. ×　7. ×　8. ×
9. ×　10. ×　11. √　12. √　13. ×　14. ×　15. √　16. ×
17. ×　18. ×　19. ×　20. ×

3.4.5　简答题答案

(答案略。)

3.5　上机实验练习

3.5.1　实验一 Word 文档的基本编辑操作

一、实验目的

1. 熟练掌握一种汉字输入方法。
2. 熟练进行文档的建立、保存与打开。
3. 掌握文本内容的选定及编辑的操作。
4. 掌握文本的查找与替换的操作。
5. 了解文档的不同显示方式。

二、实验内容

1. 输入以下内容(段首暂不要空格)，并以 W1 为文件名(保存类型为“Word 文档”)保存在当前文件夹中，然后关闭该文档。

WS 是一个较早产生并已十分普及的文字处理系统，风行于 20 世纪 80 年代，汉化的 WS 在我国曾非常流行。 1989 年香港金山电脑公司推出的 WPS(Word Processing System)，是完全针对汉字处理重新开发设计的，在当时我国的软件市场上独占鳌头。

随着 Microsoft Windows 95 中文版的问世，Microsoft Office 95 中文版也同时发布，但 Microsoft Word 95 存在着在其环境下保存的文件不能在 Microsoft Word 6.0 下打开的问题，降低了人们对其使用的热情。新推出的 Microsoft Word 97 不但很好地解决了这个问题，而且还适应信息时代的发展需要，增加了许多新功能。

操作步骤：单击“开始”按钮，在“开始”菜单中选择“程序”命令，单击 Microsoft Office Word 2003 选项。在文本区中输入上述文档内容。打开“文件”菜单，选择“保存”命令，在“另存为”对话框中，输入文件名 “W1”，保存类型选择“Word 文档”，单击“保存”按钮。

2. 打开所建立的 W1.DOC 文件，在文本的最前面插入一行标题：“文字处理软件的发展”，然后在文本的最后另起一段，输入以下内容，并保存文件。

1990 年 Microsoft 推出的 Windows 3.0，是一种全新的图形化用户界面的操作环境，受到软件开发者的青睐，英文版的 Word for Windows 因此诞生。1993 年，Microsoft 推出 Word 5.0 的中文版，1995 年，Word 6.0 的中文版问世。

操作步骤：打开 W1.DOC 文件，文首插入空行，输入标题“文字处理软件的发展”。光标移至文尾，输入上述内容。单击工具栏中的“保存”按钮。

3. 将“1989 年……独占鳌头。”另起一段；将正文第三段最后一句“……增加了许多新功能。”改为“……增加了许多全新的功能。”。

操作步骤：光标位于“1989 年……”前，回车。光标移至“多”后，删除“新”，输入“全新的”。

4. 将最后两段正文互换位置；然后在文本的最后另起一段，复制标题以下的 4 段正文。

操作步骤：选中第三段，单击工具栏的“剪切”按钮，光标移至最后另起一段，单击“粘贴”按钮，删除空行。选中标题以下的 4 段正文，单击“复制”按钮，光标移至最后另起一段，单击“粘贴”按钮。

5. 将后 4 段文本中所有的“Microsoft”替换为“微软公司”，并利用拼写检查功能检查所输入的英文单词有否拼写错误，如果存在拼写错误，请将其改正。

操作步骤：选中后 4 段文本，执行“编辑”菜单的“替换”命令，在查找内容栏中输入“Microsoft”，在替换栏中输入“微软公司”，单击“全部替换”按钮。选中文本，执行“工具”菜单的“拼写和语法”命令。

6. 以不同的显示方式显示文档。

操作步骤：分别执行“视图”菜单的“普通”、“页面”、“大纲”、“Web 版式”视图的命令，观察其显示的形式。

7. 将文档以同名文件另存到磁盘。

操作步骤：单击“文件”菜单，执行“另存为”命令，在“另存为”对话框中，保存位置自选，文件名中输入“W1”，保存类型为“Word 文档”，单击“保存”按钮。

3.5.2 实验二 Word 文档格式化的操作

一、实验目的

1. 掌握文档字符格式化的操作。
2. 掌握文档段落格式化的操作。
3. 会进行文档分栏的操作。

二、实验内容

将保存的 W1.DOC 文件复制到桌面，然后进行下列排版操作，并将排版后的文档以 W2.DOC 另存到磁盘。

1. 将标题“文字处理软件的发展”设置为“标题 3”样式、居中，并将标题中的“文字处理”几个字设置为红色、字符间距设置为加宽 6 磅、文字提升 6 磅、加上着重号；将标题中的“软件的发展”这几个字设置为二号，然后为标题添加 15%的灰色底纹及 2.25 磅的阴影边框。

操作步骤：选中标题“文字处理软件的发展”，单击工具栏中的“样式”按钮，选择“标题 3”，单击“居中”按钮。选中“文字处理”文字，单击工具栏中的“字体颜色”按钮，选择“红色”。执行“格式”菜单的“字体”命令，单击“字符间距”选项卡，间距设为“加宽”，磅值为“6”，位置设为“提升”，磅值为“6”；打开“字体”选项卡，着重号设为“• ”，单击“确定”按钮。选中“软件的发展”文字，单击工具栏中的“字号”按钮，选择“二号”。选中标题“文字处理软件的发展”，执行“格式”菜单的“边框和底纹”命令，打开“底纹”选项卡，选中“15%灰色”，打开“边框”选项卡，设置“阴影”，宽度为“2.25”，单击“确定”按钮。

2. 将第一段正文设置为宋体、小四号，使该段最后一句话的格式与标题中“文字处理”这几个字的格式相同，然后对该段中的“文字处理”几个字添加 1.5 磅的单线边框。

操作步骤：选中第一段，单击工具栏中的“字体”按钮，选择“宋体”，单击“字号”按钮，选择“小四号”，选中标题中“文字处理”，双击“格式刷”按钮，用鼠标拖动“格式刷”刷新第一段最后一句话。选中第一段中的“文字处理”，执行“格式”菜单的“边框和底纹”命令，打开“边框”选项卡，选择“方框”，线型选择“单线”，宽度为“1.5 磅”，应用范围“文字”，单击“确定”按钮。

3. 将第二、第三段正文中的中文字体设置为宋体，英文字体设置为 Arial；将第四段正文中的所有英文字母设置为加粗倾斜、小四号、加下划波浪线。

操作步骤：选中第二段、第三段，单击工具栏中的“字体”按钮，选择“宋体”，选择英文字体“Arial”。选中第四段中的英文字母“Microsoft”，执行“格式”菜单的“字体”命令，单击“字体”选项卡，选择字形为“加粗、倾斜”，字号为“小四号”，下划线为“波浪线”，单击“确定”按钮；双击“格式刷”按钮，拖动鼠标刷新第四段的所有英文字母。

4. 使正文的倒数二、三、四段与前后的正文各空一行，并给这三段加上红色、五号的菱形项目符号、文字位置缩进 0.6 厘米。

操作步骤：光标分别位于倒数第一段行首和倒数第四段行首，回车。选中倒数二、三、四段，执行“格式”菜单的“项目和编号”命令，打开“项目符号”选项卡，选中“菱形”类型，单击“自定义”按钮，单击“字体”按钮，选择字体颜色为“红色”，确定，文字位置设为缩进“0.6”，单击“确定”按钮。

5. 将最后一段正文分成 3 栏，前两栏的栏宽分别为 3 厘米、4.5 厘米，中间加分割线，然后使该段首字下沉 2 行、距正文 0.2 厘米。

操作步骤：选中最后一段，执行“格式”菜单的“分栏”命令，在“分栏”对话框中，设置栏数为“3”，取消“栏宽相同”选项，设置第一栏和第二栏的栏宽分别为 3 厘米和 4.5 厘米，选中“分隔线”，单击“确定”按钮。选中“随”字，执行“格式”菜单的“首字下沉”命令，设置位置为“下沉”，下沉行数为“2”，距正文“0.2 厘米”，单击“确定”按钮。

6. 使标题以下的 4 段正文首行缩进，并将第一段设置为 1.5 倍行距、左右各缩进 1 厘米、段后间距设置为 5 磅。

操作步骤：选中第一、二、三、四段文字，执行“格式”菜单的“段落”命令，打开“缩进和间距”选项卡，设置特殊格式为“首行缩进”，单击“确定”按钮。光标置于第一段，执行“格式”菜单的“段落”命令，打开“缩进和间距”选项卡，行距设置为“1.5 倍行距”，缩进设置为左“1 厘米”、右“1 厘米”，段后间距设置为“5 磅”，单击“确定”按钮。

3.5.3　实验三 Word 表格操作

一、实验目的

1. 掌握表格的创建。
2. 掌握表格的编辑。
3. 掌握表格格式化的操作。
4. 了解表格的计算功能及由表生成图的功能。

二、实验内容

1. 建立如图 3-1 所示的表格，并以 W3.DOC 为文件名(保存类型为“Word 文档”)保存在当前文件夹中。

姓名	大学英语	高等数学	计算机基础
张三	78	78	88
李四	76	89	87
王五	80	77	69

图 3-1　W3.Doc

操作步骤：单击工具栏的“插入表格”按钮，拖动鼠标至 4 行 4 列，插入表格。在单元格中输入数据。执行“文件”菜单的“保存”命令，在“另存为”对话框中，输入文件名 “W3”，保存类型选择“Word 文档”，单击“保存”按钮。

2. 在“计算机基础”的右边插入一列，列标题为“平均分”，并计算各人的平均分(保留 1 位小数)；在表格的最后增加一行，行标题为“各科平均”，并计算各科的平均分(保留 1 位小数)。

操作步骤：选中第 4 列，单击“表格”菜单，选中“插入”命令，单击“列(在右侧)”。在第 1 行第 5 列单元格中输入“平均分”。光标位于第 2 行第 5 列单元格，执行“表格”的“公式”命令，在公式栏中输入“=AVERAGE(LEFT)”，确定。用同样方法可求各人的平均分和各科平均分。

3. 将表格第一行的行高设置为 20 磅最小值，该行文字为粗体、小四，并水平、垂直居中；其余各行的行距设置为 16 磅最小值，文字垂直底端对齐；姓名水平居中，各科成绩及平均分靠右对齐。

操作步骤：选定第一行，执行“表格”的“表格属性”命令，在“行”选项卡中选中“指定高度”，输入“20 磅”，单击“确定”按钮。单击工具栏中的“加粗”按钮，单击“字号”按钮，选择“小四号”。在“表格和边框”工具栏中单击“水平、垂直”按钮。

4. 将表格的外框线设置为 1.5 磅的粗线，内框线为 0.75 磅，第一行的下线与第一列的右框线为 1.5 磅的双线，然后对第一行与最后一行添加 10%的蓝色底纹。然后将整个表格居中。

操作步骤：选中整个表格，在“表格和边框”工具栏中，单击“粗细”按钮，选定“1.5 磅”，再单击“外部边框”按钮。选定粗细为“0.75 磅”，单击“内部框线”按钮。选中第一行，选定线型为“双线”，粗细为“1.5 磅”，再单击“下框线”。选中第一列，单击“右框线”。分别选中第一行与最后一行，执行“格式”菜单的“边框和底纹”命令，打开“底纹”选项卡，选择填充为“蓝色”，样式为“10%”，确定。选定表格，执行“表格”菜单的“表格属性”命令，在“表格”选项卡中选择对齐方式为“居中”，单击“确定”按钮。

5. 在表格的上面插入一行，合并单元格，然后输入标题“成绩表”，格式为黑体、三号、居中、取消底纹；在表格下面插入当前日期，格式为粗体、倾斜。

操作步骤：选中第一行，执行“表格”菜单的“插入”命令，单击“行(在上方)”。选中第一行，执行“表格”菜单的“合并单元格”命令，合并单元格。然后在单元格中输入“成绩表”。选定第一行，使用格式工具栏，设置字体为“黑体“，字号为“三号”，单击“居中”按钮。执行“格式”菜单的“边框和底纹”命令，在“底纹”选项卡中选择填充为“无填充色”，样式为“清除”，单击“确定”按钮。

6. 试绘制如图 3-2 所示的课程表。

课 程 表

星期 时间		一	二	三	四	五
上	1 2	高　数	英　语	高数(单)	体　育	修　养
午	3 4	制　图	普　化	制图(双)	英　语	高　数
下	5 6	普化实验	形势与政策(双)	听　力	普化(单)	
午	7 8				计 算 机	

图 3-2　课程表

操作步骤：略。

3.5.4　实验四 Word 图文混排与页面排版

一、实验目的

1. 能熟练进行插入图片及设置图形格式的操作。
2. 熟练运用绘图工具栏。
3. 能进行艺术字、文本框的插入与编辑。
4. 掌握文档的页面排版及文档页眉页脚的设置。
5. 了解公式编辑器的使用。

二、实验内容

打开保存的 W1.Doc 文件，将标题及前 4 段正文复制到一新文件中，并以 W4.Doc 为文件名(保存类型为“Word 文档”)保存在当前文件夹中，然后进行下列操作。

1. 将标题“文字处理软件的发展”改为艺术字体，字体为隶书、24 磅、红色。

操作步骤：选中标题“文字处理软件的发展”，单击“绘图”工具栏中的“插入艺术字”按钮，选定样式，选择字体为“隶书”，字号为“24 磅”，字体颜色为“红色”。

2. 在第一段正文前插入一卡通剪贴画。要求采用嵌入方式插入，高度、宽度缩小至 30%。

操作步骤：单击“绘图”工具栏的“插入剪贴画”按钮，选定一幅剪贴画，单击“插入剪辑”按钮。右击“剪贴画”，在快捷菜单中选择“设置图片格式”命令，在“大小”选项卡中设置缩放高度为 30%，宽度为 30%。

3. 插入一横排文本框，输入“文字处理”几个字，并设置成粗体、三号，填充色为蓝色。

操作步骤：单击“绘图”工具栏的“文本框”按钮，按下鼠标左键，拖动鼠标左键出现一个文本框，在文本框中输入“文字处理”，选中“文字处理”，单击工具栏的“加粗”按钮，设置字号为“三号”，选定“文本框”，单击绘图工具栏的“填充颜色”按钮，选择“蓝色”。

4. 设置页眉“文字处理软件的发展”，楷体、五号。并将文档的上、下边距调整为 2.4 厘米，左、右页边距调整为 3.2 厘米，再将文档另存至磁盘。

操作步骤：在页面视图下，执行“视图”菜单的“页眉和页脚”命令，在页眉处输入“文字处理软件的发展”，选定“文字处理软件的发展”，利用格式工具栏将字体设置为“楷体”、字号设置为“五号”，单击“页眉和页脚”工具栏的“关闭”按钮。执行“文件”菜单的“页面设置”命令，在“页边距”选项卡的上、下栏中输入“2.4 厘米”，左、右栏中输入“3.2 厘米”。然后将文档另存至磁盘。

5. 使用公式编辑器编辑数学公式：$I=\int_0^1 \frac{4}{1+x^2}dx$

操作步骤：执行“插入”菜单的“对象”命令，在“新建”选项卡中选择“Microsoft 公式 3.0”，确定，显示“公式”工具栏，在编辑框中从左至右输入公式。

6. 用自选图形组合一个如图 3-3 所示的图形。

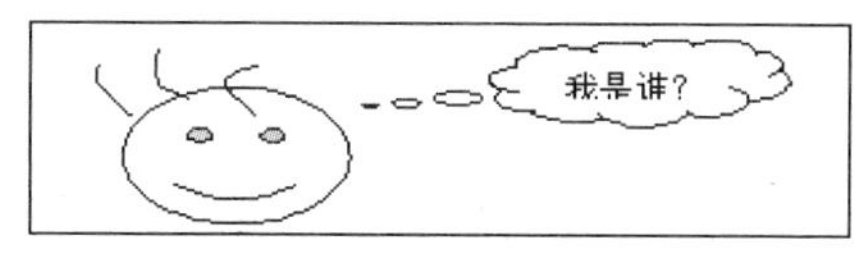

图 3-3　图形

操作步骤：单击绘图工具栏的“自选图形”按钮，分别选择基本图形的“长方形”、“笑脸”、线条的“曲线”、标注的“云形标注”，按下左键，拖动鼠标至适当的大小和位置。在“云形标注”中输入文字“我是谁？”。用 Shift 键，选中各个图形，右击，在快捷菜单中选择“组合”命令，组合成一个图形。

第4章　Excel 表格处理软件

4.1　基本知识点

1. Excel 2003 概述

Excel 2003 是强大的电子表格制作软件，是 Microsoft Office 2003 的重要组成部分，它不仅具有强大的数据组织、计算、分析和统计功能，还可以通过图表、图形等多种形式对处理结果加以形象地显示，更能够方便地与 Office 2003 其他组件相互调用数据，实现资源共享。

(1) Excel 2003 的启动和退出

启动：

① 单击“开始”按钮，选择“程序”| Microsoft Office | Microsoft Office Excel 2003 命令即可。

② 双击桌面上的“Excel 2003 快捷方式”图标。

退出：

① 双击 Excel 2003 工作窗口左上角的控制菜单框图标。

② 单击“关闭”按钮。

③ 选择“文件”菜单中的“退出”命令。

(2) Excel 2003 的界面

包括标题栏、菜单栏、常用工具栏、格式工具栏、编辑栏、工作表区、工作表标签、滚动条以及状态栏。

(3) Excel 2003 基本概念

工作簿、工作表、单元格和活动单元格等。

行：1，2，……，65536；列：A，B，……，IV(256)。

2. Excel 2003 的基本操作

(1) 工作簿的建立、打开、保存和关闭

打开“文件”菜单，执行“新建”、“打开”、“保存”命令。

(2) 工作表的数据输入

① 单元格数据输入：单击或双击单元格，在单元格或编辑栏内输入数据。

输入时，默认“常规”格式：数字自动右对齐，输入超长，以科学记数法显示。文字自动左对齐，输入数字字符，前面加单撇号。文字输入超长，扩展到右边的列；若右边有内容，则截断显示。

② 数据自动输入：自动填充、系统提供的序列数据、用户自定义的序列数据。

自动填充：输入前两个数，选中这两个单元格，指向第 2 个单元格右下角的自动填充柄，拖拽填充柄。

③ 输入有效数据的设置与检查。

(3) 处理工作表

选取单元格：选取单个、多个连续、多个不连续、整行或整列、全部单元格。

数据编辑：修改、清除、删除、复制及移动。注意复制或移动的内容出现单元格相对引用时，目标单元格自动改变单元格引用。

单元格、行和列的插入与删除：插入，打开“插入”菜单，执行“行”或“列”命令；删除，打开“编辑”菜单，执行“删除”命令。

(4) 编辑工作表

① 工作表的删除、插入和重命名：删除或插入时，先选取工作表，右击，在快捷菜单中选择“删除”或“插入”命令；重命名时，双击该工作表标签，再输入新名字。

② 工作表的复制和移动：拖拽工作表标签移动工作表；复制时，Ctrl+拖拽。

③ 工作表窗口的拆分与冻结：使用“窗口”菜单中的“拆分”或“冻结窗格”命令。

3. 公式与函数的使用

(1) 输入公式

公式以“=”开头，公式中可以使用操作数和运算符。操作数包括单元格、数字、字符、区域名、区域及函数；运算符包括算术运算符、字符运算符和关系运算符。

算术运算符：+，-，*，/，%，^和()，其中%表示百分比，^表示乘方。

字符运算符：&。

关系运算符：=，<，>，<=，>=和<>。

(2) 公式中单元格、区域的引用

相对引用：在公式复制或移动时自行调整单元格地址，如 B6，C3:E8。

绝对引用：在公式复制或移动时单元格地址不会改变，如$B$6，$C$3:$E$8。

混合引用：在一个单元格地址中，既有绝对地址引用，又有相对地址引用，如 B$6，$C3:E$8。

单元格和区域命名后也可直接引用区域名。

(3) 函数

函数形式：函数名(参数表)。

使用工具栏中的“粘贴函数”按钮，选取需要的函数并输入参数。若输入求和函数，也可用工具栏中的“自动求和”按钮。

4. 工作表格式化

(1) 自定义格式化

选取需格式化的单元格或区域，选择“格式”菜单中的“单元格”命令，可以设置为如下所示的 5 种格式标签。

① 数字标签：可选择常规、数值、货币、日期、时间、百分比和文本等格式。

② 对齐标签：可设置水平对齐、垂直对齐、合并和方向等方式。

③ 字体标签：可设置字体、字号、字型、效果和颜色等。

④ 边框标签：可设置线型、位置(含斜线)和颜色等。

⑤ 图案标签：可设置背景颜色、底纹图案和图案颜色。

改变行高与列宽，可用鼠标在行、列号处拖拽，也可以使用“格式”菜单中的“行”、“列”命令。

(2) 复制格式

用“格式刷”拖动。

(3) 自动套用格式

选取需格式化的区域，打开“格式”菜单，执行“自动套用格式”命令，选择某种格式。

5. 图表的使用

(1) 建立图表

选中作图的数据源，使用“图表向导”，该向导分 4 个步骤：图表类型、图表数据源、图表选项及图表位置。其中第 4 步骤“图表位置”分为“嵌入图表”和“新工作表”，“新工作表”是指建立一张独立的图表。

(2) 增减图表数据

对嵌入图表增加数据：选中图表。然后选择“图表” | “添加数据”命令。

删除图表中的数据系列：选中数据系列，按 Del 键。

(3) 图表修饰

双击图表对象，显示“格式”对话框，进行格式设置。

6. 打印工作表

打印步骤：设置打印区域，进行页面设置，打印预览，打印。

(1) 设置打印区域

选定要打印的区域，选择“文件” | “打印区域” | “设置打印区域”命令。

(2) 页面设置

选择“文件” | “页面设置”命令，分别在下面 4 个选项卡中进行设置：页面、页边距、页眉/页脚以及工作表。

(3) 打印预览和打印

选择“文件” | “打印预览”或“打印”命令。

7. 数据管理

(1) 建立数据列表

① 数据列表：由列标题和每一列相同类型的数据组成的特殊工作表。第一行称为标题行，每一列称为一个字段，每一行称为一个记录。

② 创建与编辑数据列表：在工作表中输入和编辑，也可以用“数据”菜单中的“记录单”命令。注意，数据列表中不能有空行或空列；每一张数据列表单独占一个工作表；数据列表的第一行为标题行(称为字段名)。

(2) 排序

① 简单排序：选定要排序的字段名，单击“升序”或“降序”按钮。

② 复杂排序：单击列表，打开“数据”菜单，执行“排序”命令，选择排序主关键字段，可以选择次关键字段(最多两个)。每个关键字段可以选择升序或降序。

(3) 筛选数据

快速选取所需要的数据。

自动筛选：单击列表，打开“数据”菜单中的“筛选”子菜单，执行“自动筛选”命令，选择所需字段，选取值或者自定义。

高级筛选：建立条件区域，选中整个数据列表，打开“数据”菜单中的“筛选”子菜单，执行“高级筛选”命令，在“高级筛选”对话框中设置。

(4) 数据分类汇总

按某关键字段进行分类汇总前，必须按该关键字段排序。

单击列表，打开“数据”菜单，执行“分类汇总”命令，在“分类汇总”对话框中进行设置。

(5) 数据透视表与数据透视图

包括建立，修改和删除等操作。

8. Excel 2010 介绍

Excel 2010 不但在界面上有较大的改变，而且在功能上也有较大提升，具体体现在界面、函数与公式、图表、透视表及一些新增加的功能上。

4.2 重点和难点

1. 重点

本章的重点是 Excel 2003 的基本概念和基本操作。包括电子表格、工作簿和工作表的基本概念等；工作表的创建、数据输入、编辑和排版；工作表的插入、复制、移动、更名、保存和保护等基本操作；单元格的绝对地址和相对地址的概念；工作表中公式的输入与常用函数的使用；数据列表的概念；记录单的使用；记录的排序、筛选、查找和分类汇总及图表的创建和图表编辑等。

2. 难点

本章的难点是单元格的绝对地址和相对地址的概念；工作表中公式的输入与常用函数的使用；记录的复杂排序和高级筛选；数据透视表的使用等。

4.3 习　　题

4.3.1 单项选择题

1. Excel 2003 是由________公司研制的。

A. Microsoft　　B. Adobe　　C. Intel　　D. IBM

2. Excel 工作簿是计算和储存数据的________，每一个工作簿都可以包含多张工作表，因此可以在单个文件中管理各种类型的相关信息。

A. 表达式　　B. 二维表格　　C. 文件　　D. 图形

3. 一个工作簿最多有_______个工作表。

A. 256　　B. 255　　C. 128　　D. 127

4. 工作表行号是从 1 到__________。

A. 32767　　B. 32768　　C. 65535　　D. 65536

5. 每张工作表最多有_________列。

A. 16　　B. 64　　C. 512　　D. 256

6. 工作簿存盘时的扩展名约定为____。

A. XLS　　B. XLC　　C. XLT　　D. DBF

7. Excel 栏名共有 256 个，由 A，B，C，…，AA，AB…到最后一个是____。

A. IV　　B. XY　　C. AX　　D. Z

8. 在 Excel 中，函数可以作为其他函数的______，称为嵌套函数。

A. 变量　　B. 参数　　C. 公式　　D. 表达式

9. 在 Excel 工作表中，用户可以输入两种类型的数据是____。

A. 数字和文字　　B. 常量和公式　　C. 英文和中文　　D. 正文和附注

10. 保存工作簿出现“另存为”对话框，则说明____。

A. 该文件已经保存过　　B. 该文件未保存过

C. 该文件不能保存　　D. 该文件作了修改

11. 使用键盘，快速储存档案，应按____组合键。

A. Alt+S　　B. Alt+C　　C. Ctrl+S　　D. Ctrl+C

12. 使用键盘，快速剪切某张表格，应按____组合键。

A. Ctrl+X　　B. Shift+X　　C. Ctrl+S　　D. Shift+S

13. 使用键盘，粘贴某张表格，应按____组合键。

A. Alt+V　　B. Ctrl+V　　C. Shift+V　　D. Space+V

14. Excel 中的宏是由一系列的____组成，运行宏就可以完成宏所定义的功能。

A. 程序　　B. 函数　　C. 命令和函数　　D. 程序和函数

15. 利用“插入”|“工作表”命令，每次可以插入____个工作表。

A. 1　　B. 2　　C. 4　　D. 12

16. 字型大小一般以点数来计量，字型所有的点数越小，表示字型越____。

A. 大　　B. 小　　C. 粗　　D. 细

17. 正文色彩，是指单元格内部文字的____。

A. 文字色　　B. 底色　　C. 边框色　　D. 前景色

18. 当工作表属于保护状态时，其内部每个单元格都会被锁住，即每个单元格只能____，不能____。

A. 查看　　B. 修改　　C. 变大小

19. Excel 函数中，各参数间的分割符一般用____。

A. 逗号　　B. 空格　　C. 冒号　　D. 分号

20. 若在单元格中出现一连串的“#####”符号，则____。

A. 需重新输入数据　　B. 需调整单元格的宽度

C. 需删去单元格　　D. 需删去这些符号

21. 当单元格太小而导致单元内数据无法完全显示时，系统将以____显示。

A. #　　B. *　　C. .　　D. ?

22. 在工作表标识符上双击，可对工作表名称进行____工作。

A. 计算　　B. 变大小　　C. 隐藏　　D. 重新命名

23. 绝对地址在被复制到其他单元格时，其单元格地址____。

A. 不变　　B. 发生改变　　C. 部分改变　　D. 不能复制

24. 使用键盘，快速调用函数指南，应按____组合键。

A. Alt+F　　B. Alt+I　　C. Alt+C　　D. Alt+N

25. 在输入一个公式时，必须先输入____符号。

A. =　　B. ( )　　C. ?　　D. @

26. 行号或列号设为绝对地址时，必须在其左边附加____字符。

A. !　　B. #　　C. $　　D. =

27. 在 Excel 中，某公式中引用了一组单元格，它们是(C3，D7，A2，F1)，该公式引用的单元格总数为_____。

A. 4　　B. 8　　C. 12　　D. 16

28. 当在一单元格内输入公式并确认后，单元格内容显示为#REF!，它表示____。

A. 公式被 0 除　　B. 公式引用了无效单元格

C. 单元格太小　　D. 某个参数不正确

29. 假设在 B1 单元格存储一公式 A$5。将其复制到 D1 后，公式变为____。

A. A$5　　B. D$5　　C. D$1　　D. C$5

30. SUM(A1:A4)相当于____。

A. SUM(A1*A4)　　B. SUM(A1/A4)

C. SUM(A1+A4)　　D. SUM(A1+A2+A3+A4)

31. SUM(8，5，7，9)值为____。

A. 29　　B. 25　　C. 9　　D. 3

32. 假设 A1，B1，C1，D1 分别为 2，3，7，3，则 SUM(A1:C1)/D1 为____。
    A. 4　B. 3　C. 15　D. 18
33. 如果将 Excel 工作簿设置为只读，对工作簿的更改____在同一工作簿文件中。
    A. 仍能保存　B. 不能保存　C. 部分保存　D. 以上都不对
34. 拖动窗口与边框角落可以改变窗口的____。
    A. 大小　B. 颜色　C. 字体　D. 粗细
35. 利用“编辑”菜单中的“删除”命令，可____。
    A. 移去单元格　B. 删去单元格中的数据
    C. 删除单元格中数据的公式　D. 删除单元格的批注
36. 当输入的数字被系统辨识为正确时，会采用____对齐方式。
    A. 靠左　B. 靠右　C. 居中　D. 不动
37. 利用鼠标拖放复制数据，在拖放时按下____键。
    A. Ctrl　B. Shift　C. Alt　D. Enter
38. 用新的工作簿文件名覆盖旧的工作簿时，旧的工作簿文件被存为备份文件，扩展名为____。
    A. BAK　B. XLS　C. SLB　D. TMP
39. 区分不同工作表的单元格，要在地址前面____。
    A. 增加单元格地址　B. 增加工作表名称
    C. 增加 sheet2　D. 增加工作簿名称
40. 假设 A2 为文字 10，A3 为数字 3，则 COUNT(A2:A3)=____。
    A. 3　B. 10　C. 13　D. 1
41. 在 Excel 2003 的打印页面中，增加页眉和页脚的操作是：____。
    A. 执行“文件”菜单中的“页面设置”命令，选择“页眉/页脚”
    B. 执行“文件”菜单中的“页面设置”命令，选择“页面”
    C. 执行“插入”菜单中的“名称”命令，选择“页眉/页脚”工作区
    D. 只能在打印预览中设置
42. 在 Excel 2003 中可以通过建立工作区文件将当前所有打开工作簿的信息保存，文件的后缀是：____。
    A. *. xls　B. *. xlw　C. *. wri　D. *. doc
43. 在 Excel 的工作表中，每个单元格都有其固定的地址，如“A5”表示：____。
    A. “A”代表“A”列，“5”代表第“5”行
    B. “A”代表“A”行，“5”代表第“5”列
    C. “A5”代表单元格的数据
    D. 以上都不是
44. 在保存 Excel 2003 工作簿文件的操作过程中，默认的工作簿文件保存格式是：____。
    A. HTML 格式　B. Microsoft Office Excel 工作簿
    C. Microsoft Excel 5. 0/95 工作簿　D. Microsoft Excel 2000＆95 工作簿
45. 如果在工作簿中既有工作表又有图表，当选择“文件”菜单中的“保存”命令后，

Excel 将______。

A. 只保存其中的工作表　　B. 只保存其中的图表

C. 把工作表和图表保存到一个文件中

D. 把工作表和图表分别保存到两个文件中

46. 设区域 A1: A8 各单元格中的数值均为 1，A9 为空白单元，A10 单元中为一字符串，则函数=AVERAGE(A1: A10)结果与公式______结果将相同。

A. =SUM(A1: A10)　　B. =MAX(A1: A10)

C. =COUNT(A1: A10)　　D. =COUNTA(A1: A10)

47. 设 A1:A3 数据分别为数值 1、2、3，B1:B4 数据分别为数值 4、5、6、7，若在 A4 输入一字符串，则以下函数______结果将会变化。

A. =SUM(A1: B4)　　B. =MAX(A1:B4)

C. =MIN(A1: B4)　　D. =COUNTA(A1:B4)

48. 当仅需要将当前单元格中的公式复制到另一单元格中，而不需要复制格式时，应先执行“编辑”菜单中的“复制”命令，然后在选定目标单元后再执行“编辑”菜单中的“______”命令。

A. 复制　　B. 剪切　　C. 粘贴　　D. 选择性粘贴

49. 设 E4 为当前单元格，分别执行插入一列和插入一行后，则______。

A. 引用 E4 单元格的公式发生变化，不引用 E4 的公式不变

B. 绝对引用 E4 单元格的公式发生变化，相对引用 E4 的公式不变

C. 区域 A1:D3 中的公式不变，其余单元格中的公式发生变化

D. 引用 A1:D3 中单元格的公式不变，其余单元格中的公式发生变化

50. 设区域 B1:J1 和区域 A2:A10 中分别输入数值 1~9，在 B2 中输入公式____，然后将该公式复制到整个 B2:J10 区域，即可形成一个九九乘法表。

A. =$B1*$A2　　B. = =$B1*A$2　　C. =B$1*$A2　　D. =B$1*A$2

51. 在 Excel 中，进行数据______操作时，所选取区域不包括数据字段名。

A. 筛选　　B. 分类汇总　　C. 统计　　D. 排序

52. 关于数据透视表有如下几种说法，唯一正确的说法是______。

A. 数据透视表与图表类似，它会随数据列表中数据的变化而自动更新

B. 数据透视表的实质是：根据用户的需要将源数据列表重新取舍组合

C. 数据透视表中，数据区中的字段总是以求和的方式计算

D. 要修改数据透视表页面布局须通过“数据”|“数据透视表”命令进行

53. 在 Excel 中，如果某一单元格输入的参数或操作数的类型有错，则该单元格会显示错误信息：______。

A. #REF!　　B. #VALUE!　　C. #NAME?　　D. #NULL?

54. 在 Excel 工作表中，先用鼠标选中 C3 单元格；然后按住 Shift 键，选定 H8 单元格；最后在仍按住 Shift 键的情况下，选中 F6 单元格。则此时选中的是该表中以______为左上角、以______为右下角的区域。

A. C3　　B. H8　　C. F6　　D. A1

55. 在 Excel 中，工作表标签栏上有 4 个小按钮。当有很多张工作表时，若要将最后一张工作表标签显示出来，以便选定，可以单击________按钮。

A. ⏮ B. ⏭ C. ◀ D. ▶

4.3.2 双项选择题

1. 下列各项中，哪些不是 Excel 工作画面菜单的选项？____。

A. 文件 B. 插入 C. 单元格 D. 表格

2. 新建工作簿可以____。

A. 利用“文件”菜单中的“新建”命令

B. 利用工具栏上的“新建”按钮

C. 使用“编辑”菜单

D. 执行“文件”菜单上的“打开”命令

3. 在 Excel 2003 有关图表的叙述中，________是正确的。

A. 一般只有选中了图表才会出现“图表”菜单

B. 选中图表后再键入文字，则文字会取代图表

C. 图表绘图区可以显示数据值

D. 图表的图例可以移动到图表之外

4. 若要改变行高，可____。

A. 使用“格式”菜单中“行”命令的“行高”命令

B. 使用鼠标操作调整行高

C. 利用格式中的“行高”命令

D. 使用格式中的“单元格”命令

5. Excel 中数据对齐方式主要有____。

A. 水平对齐 B. 垂直对齐 C. 任意角度对齐 D. 合并单元格

6. 为表格设置边框，可以____。

A. 利用“格式”菜单中的“单元格”命令中的“图案”选项

B. 利用工具栏上的框线按钮

C. 利用绘图工具自己画边框

D. 可自动套用边框

7. 设置页面，可设置____。

A. 纸张大小 B. 缩放比例 C. 打印区域 D. 打印页数

8. 利用分页预览，可____。

A. 察看工作表的分页情况 B. 调整分页符

C. 改变打印区域的大小 D. 设置页边距

9. 在 Excel 2003 中加入数据至所规定的数据库内的方法可以是________。

A. 直接键入数据至单元格内 B. 利用“记录单”输入数据

C. 插入对象 D. 数据透视表

10. 显示和隐藏工具栏的操作是＿＿＿＿＿。
   A. 用鼠标右键单击任意工具栏，然后在快捷菜单中单击需要显示或隐藏的工具栏
   B. 隐藏“浮动工具栏”，可用“编辑”菜单中的“删除”命令
   C. 迅速隐藏工具栏可以用鼠标左键单击此工具栏
   D. 没有列在快捷菜单中的工具栏可通过“工具”菜单的“自定义”命令来添加
11. 在 Excel 2003 中，以下能够改变单元格格式的操作的说法正确的有＿＿＿＿＿。
   A. 执行“格式”菜单中“单元格”命令
   B. 执行“插入”菜单中的“单元格”命令
   C. 按鼠标右键选择快捷菜单中的“设置单元格”选项
   D. 不能用工具栏中的格式刷按钮
12. Excel 的工作界面包括＿＿＿＿＿。
   A. 标题栏、菜单栏　　B. 工具栏、选定栏、滚动条
   C. 工作标签和状态栏　　D. 演示区
13. 在 Excel 中，复制单元格格式可采用＿＿＿＿＿。
   A. 链接　　B. 复制+粘贴
   C. 复制+选择性粘贴　　D. 复制+填充
14. 下列 Excel 公式输入的格式中，＿＿＿＿是正确的。
   A. =Sum("18","25",7)　　B. =Sum(25,⋯,12)
   C. =Sum(E1:E6)　　D. =Sum(51;29;17)

15. 在 Excel 中提供了数据合并功能，可以将多张工作表的数据合并计算存放到另一张工作表中。支持合并计算的函数有＿＿＿。

   A. AVERAGE　　B. COUNTIF　　C. MAX　　D. YEAR

4.3.3 判断正误题

1. 在 Excel 2003 中，数组里的单元格不能被删除。　(　　)
2. 在 Excel 2003 中，链接和嵌入的主要不同就是数据存储的地方不同。　(　　)
3. 利用 Excel 的数据列表查找记录，需在记录单对话框中单击条件按钮，在条件对话框中认定查找条件，条件设定后不会自动撤销，若要撤销自己设定的条件，需利用条件对话框来清除。　(　　)
4. 对 Excel 数据列表中的记录进行排序操作时，只能进行升序操作。　(　　)
5. 在 Excel 工作表单元格中输入的数据，其默认的对齐方式靠左对齐，数字靠右对齐。　(　　)
6. Excel 工作簿是工作表的集合，一个工作簿文件的工作表的数量是没有限制的。　(　　)
7. 电子表格是对二维表格进行处理并可制作成报表的应用软件。　(　　)
8. 在 Excel 中，去掉某单元格的批注，可以使用“编辑”菜单的“删除”命令。　(　　)
9. 在 Excel 中，以分数形式输入 1/3 的方法是：键入“1/3”。　(　　)

10. 在 Excel 中，利用格式刷可以复制字符格式，可对该按钮单击鼠标左键可连续复制多处。 (　)

11. 在 Excel 中，图表一旦建立，其标题的字体、字型是不可改变的。 (　)

12. Excel 是一种表格式数据综合管理与分析系统，并实现了图、文、表完美结合。 (　)

13. 对 Excel 中数据列表中的记录进行排序操作时，只能进行升序操作。 (　)

14. 在 Excel 工作表单元格中输入的数据，其默认的对齐方式靠左对齐，数字靠右对齐。 (　)

15. Excel 的工作簿是工作表的集合，一个工作簿文件的工作表数量是没有限制的。 (　)

4.3.4 填空题

1. 在 Excel 函数中各参数间的分隔符号一般用______。

2. 在 Excel 中可以将数据以图形方式显示在图表中，图表与生成它们的工作表数据连接，当修改工作表数据时，图表将______。

3. 在 Excel 中单元格和区域可以引用，引用的作用在于______工作表上的单元格或单元格区域、并指明公式中使用的数据位置。

4. 字形的大小一般以点数来计量，字型所有点数越多，表示字型就越______。

5. 输入公式时，一般先输入一个______。

6. 当某单元被锁定时，表示该单元格数据只能______不能______。

7. 采用筛选功能被筛选出来的记录所属行号会以______色显示。

8. 函数的引用，可以是______地址或范围地址或______名称。

9. MAX 函数用来计算参数列表中的______。

10. COUNT 函数用来统计参数列表中的数值______。

11. 若要对 Excel 工作簿的某个工作表进行操作，需选定工作表，选定工作表的方法是用鼠标左键单击______。

12. 在 Excel 的单元格中输入数据，若输入的是数字字符，输入时应在前面加上______。

13. Excel 可以利用数据列表实现数据库管理功能。在数据列表中，每一列称为一个______，它存放的是相同类型的数据；数据列表的第一行为______，以后表中的每一行称为一条______，存放一组相关的数据。

14. 假设单元格 A1 到 A5 中分别存储 1，3，9，10，20，则 MIN(A2:A5，A4)的值为______。

15. 在 Excel 2003 中，一个工作簿可由多个______构成。

16. 在 Excel 中，设 A1 到 A4 单元格的数值为 82,71,53,60,A5 单元格使用公式 =If(AVERRAGE(A$1:A$4)>=60，“及格”，“不及格”)，则 A5 显示的值是______，若将 A5 单元格内容全部复制到 B5 单元格，则 B5 单元格内容为______。

17. 在 Excel 中输入数据时，如果输入的数据具有内在规律，则可以利用它的_____功能。

18. 在 Excel 中，若只需打印工作表的一部分数据时，应先选定______的数据区域。

19. Excel 工作表中每个单元格的网格线是辅助线，要把 Excel 的工作表在打印中显示出表格线，需要对工作表进行页面设置时选中________。

20. 假设 A2 单元格内容为文字“300”，A3 单元格内容为数字 5，则 COUNT(A2:A3)的值为__________。

21. 在 Excel 中以分数形式输入 1/3(不采用公式)的方法是：键入______。

22. 在 Excel 中，选择某一单元格，输入“=SUM(C3:C9)”。它的含义是将_______填入该单元格。

23. 在 Excel 中，输入等差数列，可以先输入第一，第二个数列，接着选定这两个单元格再将鼠标指针移到________上按一定方向进行拖动即可。

24. 在 Excel 中，假定存在一个数据库工作表，内含：姓名，专业，奖学金，成绩等项目，现要求对相同专业的学生按奖学金从高到低进行排列，则要进行多个关键字段的排列，并且主关键字段是________。

25. Excel 中将排序、筛选和分类汇总 3 项操作综合起来的一项功能操作是_____。

26. Excel 可进行非当前工作表单元格的引用，如在当前工作表的选定的单元格中输入 Sheet4!B6:B8，则是引用_________。

27. Excel 的工作表中，可以建立统计图表，图表分两种，即______ 图表和______图表。

28. 在 Excel 的工作表中，可以输入的数据类型有两种，即______和______。

29. 与 Excel 2003 相比，Excel 2010 在________和___________等方面有较大改变。

30. Excel 2010 新增加的功能有：_________、___________和____________ 等。

4.3.5　简答题

1. Excel 2003 包括哪些主要功能？
2. 在 Excel 2003 中，怎样表示工作表 Sheet2 中的 B3 单元格的地址？
3. 在 Excel 中，填充柄的作用是什么？
4. 在 Excel 中怎样使用格式刷？
5. 什么是数据列表？数据列表必须满足哪些条件？
6. 举例说明条件格式的运用？
7. 在 Excel 中，如何从 Web 页中导入数据？
8. 如何隐藏工作簿、工作表以及单元格的公式？
9. 在操作中可能会出现错误信息，常见的错误信息有哪些？
10. 与 Excel 2003 相比，Excel 2010 在界面和功能上有哪些较明显的改进？

4.4　习题参考答案

4.4.1　单项选择题答案

1. A	2. C	3. B	4. D	5. D
6. A	7. A	8. B	9. B	10. B

11. C	12. A	13. B	14. C	15. A
16. B	17. A	18. A，B	19. A	20. B
21. A	22. D	23. A	24. B	25. A
26. C	27. A	28. B	29. D	30. D
31. A	32. A	33. B	34. A	35. A
36. B	37. A	38. A	39. B	40. D
41. A	42. B	43. A	44. B	45. C
46. B	47. D	48. D	49. D	50. A
51. A	52. B	53. B	54. A	55. B

4.4.2　双项选择题答案

1. CD	2. AB	3. AC	4. AB	5. AB
6. BD	7. AB	8. AB	9. AB	10. AD
11. AC	12. AC	13. BC	14. AC	15. AC

4.4.3　判断正误题答案

1. ×	2. √	3. √	4. ×	5. √
6. ×	7. √	8. ×	9. ×	10. ×
11. ×	12. √	13. ×	14. √	15. ×

4.4.4　填空题答案

1. ，(逗号)　　2. 自动更新
3. 标识　　4. 大
5. = (等于号)　　6. 查看，修改
7. 蓝　　8. 单元，范围
9. 最大值　　10. 个数
11. 工作表标签　　12. ’ (单引号)
13. 字段、字段名、记录　　14. 3
15. 工作表　　16. 及格，IF(AVERAGE(B$1:B$4)>=60，“及格”，“不及格”)
17. 自动填充　　18. 打印部分
19. 网格线　　20. 1
21. =1/3　　22. C3 至 C9 单元格中数字之和
23. 填充柄　　24. 专业
25. 数据透视表　　26. Sheet4 工作表中 B6 单元格
27. 嵌入式，独立式　　28. 常量，公式
29. 界面，功能　　30. 迷你图，切片器，数学公式

4.4.5　简答题答案

(答案略。)

4.5　上机实验练习

4.5.1　实验一 Excel 2003 的基本操作

一、实验目的

1. 熟悉 Excel 2003 的工作窗口界面。
2. 掌握 Excel 2003 文档的建立、保存和打开的操作。
3. 熟练进行 Excel 2003 工作表数据的输入、编辑及表格区域的选定操作。
4. 掌握 Excel 2003 工作表的查找与替换。
5. 掌握工作簿和工作表的管理。

二、实验内容

1. 启动 Excel 2003，进入 Excel 程序的默认工作环境。熟悉构成工作窗口界面的标题栏、菜单栏、工具栏、状态栏、控制按钮、名称框、编辑栏、滚动按钮、工作表标签、活动单元格、行号、列号、全选框等。如图 4-1 所示。

操作步骤：单击“开始”按钮，在“开始”菜单中选择“程序”命令，执行 Microsoft Office Excel 2003 命令。

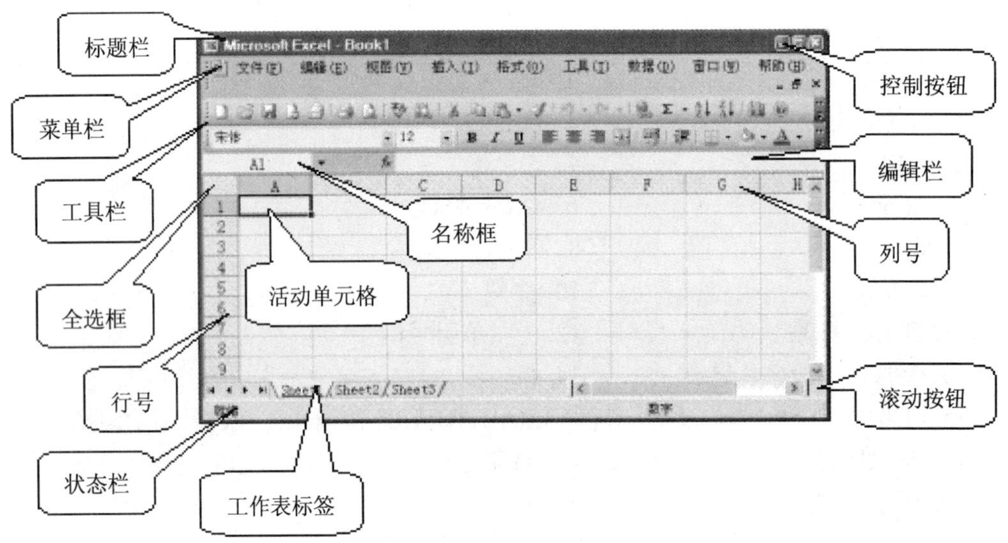

图 4-1　Excel 2003 界面

2. 在工作表 Sheet1 中输入如图 4-2 所示的数据。在工作表 Sheet2 中输入如图 4-3 所示的数据。

操作步骤：在工作表 Sheet1 和工作表 Sheet2 中，分别输入图 4-2 和图 4-3 所示的数据。(注：编号采用序列填充，银行账号是“数字字符”，把工作表 Sheet1 中的姓名复制到工作表 Sheet2 中。)

编号	姓名	职称	工作时间	银行帐号	基本工资	奖金	补贴
1	金成安	工程师	1992-3-2	2004235	315	253	100
2	王景灏	工程师	1993-6-2	2006109	285	230	100
3	刘希敏	高工	1987-8-10	2005123	490	300	200
4	李若云	临时工	2002-12-2	2001887	200	100	0
5	陈立新	高工	1983-7-15	2009199	580	320	300
6	赵永强	工程师	1990-4-6	2006618	390	240	150
7	林芳萍	高工	1986-10-1	2004546	500	258	200
8	吴道临	工程师	1992-2-8	2007867	300	230	100
9	杨高升	临时工	2002-1-19	2003188	230	100	0
10	郑文杰	高工	1988-6-7	2005556	450	280	200
11	徐守敬	临时工	2003-6-17	2000011	200	100	0
12	何建华	技术员	2003-3-12	2007719	280	220	80
13	宋俊平	工程师	1991-11-4	2008080	360	240	100
14	韩明静	高工	1980-6-27	2006160	612	450	300
15	明敏	高工	1987-11-29	2005555	485	380	200
16	郭力峰	工程师	1991-12-12	2007999	378	210	120
17	伍云召	高工	1979-3-23	2006244	658	400	350
18	方心雨	技术员	2003-4-4	2000821	283	185	80
19	戴冰	工程师	1988-8-18	2001103	432	240	150
20	夏勇	临时工	2003-5-5	2004466	231	100	0

图 4-2　Sheet1 数据

编号	姓名	出生年月	学历
1	金成安	1969-3-2	本科
2	王景灏	1970-5-2	研究生
3	刘希敏	1964-8-10	本科
4	李若云	1980-12-2	高中
5	陈立新	1960-7-15	本科
6	赵永强	1967-4-6	本科
7	林芳萍	1963-10-1	研究生
8	吴道临	1969-2-8	本科
9	杨高升	1979-1-19	高中
10	郑文杰	1965-6-7	本科
11	徐守敬	1981-6-17	高中
12	何建华	1980-3-12	专科
13	宋俊平	1968-11-4	本科
14	韩明静	1957-6-27	本科
15	明敏	1964-11-29	研究生
16	郭力峰	1968-12-12	本科
17	伍云召	1956-3-23	专科
18	方心雨	1980-4-4	本科
19	戴冰	1965-8-18	本科
20	夏勇	1980-5-5	高中

图 4-3　Sheet2 数据

3. 选定区域：选定任意一个单元格、一行或多行、一列或多列、连续或不连续区域及全选。

操作步骤：单击单元格，即选中此单元格。单击行号或列号，选中一行或一列。按下 Shift 键同时拖动鼠标左键，选中一块连续区域。按下 Ctrl 键，选中不连续区域。单击“全选框”，即全部选中。

4. 在工作表 Sheet1 中，将姓名为“戴冰”记录中的“工程师”改为“高工”。在“宋俊平”记录下插入如图 4-4 所示的一行记录，并将“林芳萍”这条记录删除。

编号	姓名	职称	工作时间	银行帐号	基本工资	奖金	补贴
14	周晓	工程师	1992/11/23	2006868	400	250	110

图 4-4　记录

操作步骤：双击 C20 单元格，将“工程师”改为“高工”。选中“韩明静”记录，执行

“插入”菜单中的“行”命令，输入插入记录的内容。选中第 8 行，执行“编辑”菜单中的“删除”命令。

5. 将工作表 Sheet2 中的编号为 10 的记录移至最后。将编号为 17 的记录复制为第一个记录。

操作步骤：在工作表 Sheet2 选中第 11 行，单击工具栏中的“剪切”按钮，选中 A22，单击“粘贴”按钮。选中 A2，执行“插入”菜单中的“行”命令，插入一空行；选中第 18 行，单击工具栏中的“复制”按钮，单击 A2，单击“粘贴”按钮。

6. 在 Sheet1 中，在每条记录的最后增加一项“午餐费”，各记录中数值为“60”元。

操作步骤：选中工作表 Sheet1，在 I1 单元格中输入“午餐费”，在 I2 单元格中输入“60”，鼠标指向 I2 单元格右下角成“+”字形后向下拖放直至 I21 单元格。

7. 保存文档：D:\temp\职工档案 1.xls。

操作步骤：单击“文件”菜单，执行“另存为”命令，在 D 盘新建文件夹 temp，在文件名处输入“职工档案 1”，单击“保存”按钮。

8. 将工作表 Sheet1 中的“临时工”改为“合同工”。

操作步骤：选中区域 C2:C21，执行“编辑”菜单中的“替换”命令，在查找内容栏输入“临时工”，在替换值栏输入“合同工”，单击“全部替换”按钮。

9. 工作表 Sheet1 改名为“工资表”。工作表 Sheet2 改名为“情况表”。将“工资表”移到“情况表”之后。删除空白工作表 sheet3。文档另存为 D:\temp\职工档案 2.xls。

操作步骤：双击 Sheet1 标签，输入“工资表”。双击 Sheet2 标签，输入“情况表”。选中“工资表”，按下鼠标左键拖动至“情况表”后。选中工作表 Sheet3，执行“编辑”菜单的“删除工作表”命令。执行“文件”菜单的“另存为”命令，在保存位置处打开 D:/temp 文件夹，在文件名处输入“职工档案 2”，单击“保存”按钮。

4.5.2　实验二 Excel 2003 工作表格式化

一、实验目的

1. 能熟练进行 Excel 2003 工作表中字体、字形、字号和颜色的设置、条件格式的设置、边框和图案的设置、行高、列宽及单元格批注的设置。

2. 掌握对工作表和工作簿的保护。

二、实验内容

1. 打开“职工档案 2.xls”，选定“情况表”，在第一行插入标题：职工情况一览表。标题设置为黑体，24 号字，A1 至 D1 合并及居中。“姓名”一列设置为隶书、16 号字，居中。

操作步骤：打开“职工档案 2.xls”工作簿。选中“情况表”，单击 A1，执行“插入”菜单中的“行”命令，在 A1 中输入“职工情况一览表”，选中区域 A1:D1，执行“格式”菜单中的“单元格”命令，单击“字体”选项卡，设置“字体”为“黑体”，字号为 24，单击工具栏中的“合并及居中”按钮。选中区域 B2:B23，单击工具栏中的字体、字号和居中按钮。

2. 将“情况表”设置自动套用格式为“经典 1”格式(应用格式种类是数字、边框、对齐、图案)。

操作步骤：执行“格式”菜单中的“自动套用格式”命令，选择“经典 1”，单击“选项”，选中“数字、边框、对齐、图案”，确定。

3. 在“工资表”中，设置日期为“yyyy 年 mm 月”格式。将所有的数值格式设置为货币型、千分位并保留两位小数。

操作步骤：在“工资表”中选中 D2 至 D21，执行“格式”菜单中的“单元格”命令，单击“数字”选项卡，分类中选择“日期”，类型中选择“yyyy 年 mm 月”格式，确定。选中 F2:I21，单击工具栏中的货币样式、千位分隔样式及增加小数位数的按钮。

4. 用“格式刷”将“工资表”中的“姓名”格式设置为与“情况表”中的“姓名”格式相同的格式。

操作步骤：在“情况表”选中 B2，双击工具栏中的“格式刷”按钮，选中“工资表”，拖动鼠标从 B2 至 B21。

5. “工资表”中的数值全部水平垂直居中。利用“条件格式”，将基本工资小于 300 元的数据，用粗体及双下线显示。

操作步骤：在“工资表”选中 F2:I21，执行“格式”菜单中的“单元格”命令，单击“对齐”选项卡，设置水平和垂直对齐皆为居中。选中数据区域 F2:F21，执行“格式”菜单中的“条件格式”命令，选择“小于”，输入“300”，单击“格式”，在“字体”选项卡，选择“粗体、双下划线”，确定。

6. 将“工资表”职称是“高工”的记录上加上绿色底纹。

操作步骤：按下 Ctrl 键，逐行选中“高工”的记录，执行“格式”菜单中的“单元格”命令，单击“图案”选项卡，选中颜色为“绿色”，确定。

7. 将“工资表”中的标题行高设置为 30，“姓名”列宽设置为 10，其余的为“紧凑”显示。

操作步骤：选中第一行，单击菜单栏上的“格式”，选中行，单击行宽，输入行高为 30，确定。选中区域，单击菜单栏上的“格式”，选中行，单击“最合适的行高”，再选中列，单击“最合适的列宽”。选中“姓名”，执行“格式”菜单“列/列宽”命令，列宽设置为 10，单击“确定”按钮。

8. 设置保护“工资表”。

操作步骤：单击菜单栏上的“格式”，执行“单元格”命令，单击“保护”选项卡，选中“锁定”，确定；单击“工具”菜单，选中“保护”，单击“保护工作表”，输入密码，确定。

9. 取消“工资表”的保护。

操作步骤：单击菜单栏“工具”菜单，选中“保护”，单击“撤销保护工作表”，输入密码，确定。

4.5.3 实验三 Excel 2003 公式及常用函数的使用

一、实验目的

1. 理解公式的构成。

2. 掌握 Excel 2003 公式的使用。

3. 了解 Excel 2003 常用函数(SUM、AVERAGE、COUNT、MAX、MIN、IF、COUNTIF、YEAR)参数及返回值的类型及意义。

4. 掌握 Excel 2003 常用函数的使用。

二、实验内容

1. 选定“工资表”，将每个职工的基本工资都增加 10%。

操作步骤：单击单元格 J2，输入公式(=F2*1.1)，确定，拖动 J2 单元格填充柄向下拖放至单元格 J21。选中区域 J2:J21，单击工具栏中的“复制”按钮，单击单元格 F2，执行“编辑”菜单中的“选择性粘贴”命令，粘贴项选中为“数值”，确定。

2. 统计每个职工的工资总额(工资总额=基本工资+奖金+补贴+午餐费)。

操作步骤：单击单元格 J2，输入公式(=F2+G2+H2+I2)，确定，拖动 J2 单元格填充柄向下拖放至单元格 J21。

3. 统计每个职工的加权工资(加权工资=基本工资*1.1+奖金*0.9+补贴*1.2)。

操作步骤：单击单元格 K2，输入公式(=F2*1.1+G2*0.9+H2*1.2)，确定，拖动 K2 单元格填充柄向下拖放至单元格 K21。

4. 统计每个职工实际收入的金额(实际收入=工资总额-基本工资的 10%)。

操作步骤：单击单元格 L2，输入公式(=J2-F2*0.1)，确定，拖动 L2 单元格填充柄向下拖放至单元格 L21。

5. 用函数统计全部职工的基本工资、奖金和补贴的合计及平均数。

操作步骤：选中单元格 F22，单击工具栏的“求和”按钮(检查公式应为“=SUM(F2:F21)”)，确定，拖动 F22 单元格填充柄向右拖放至单元格 H22。选中单元格 F23，单击工具栏的“粘贴函数”按钮，函数名 AVERAGE，确定，选定数据区域 F2:F21，确定，拖动 F23 单元格填充柄向右拖放至单元格 H23。

6. 统计出如图 4-5 所需的数据。

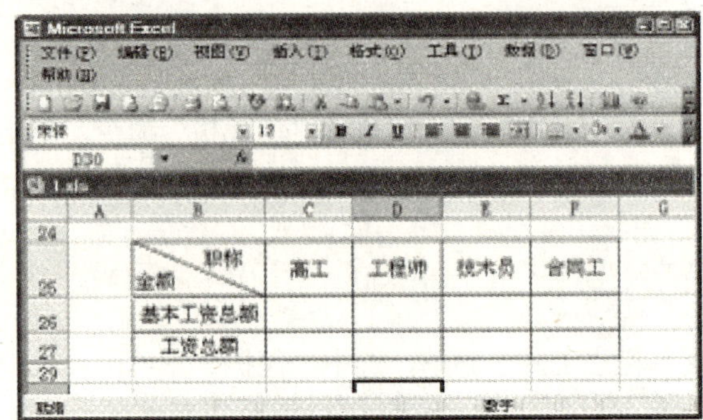

图 4-5　统计数据

操作步骤：单击单元格 C26，单击工具栏中的“求和”按钮，公式=SUM(F4，F6，F10，F15，F16，F18，F20)，单击“确定”按钮。用同样方法求出其他的数值。

7. 求出职工工资总额中的最大值和最小值。

操作步骤：单击任一空单元格，单击工具栏中的“粘贴函数”按钮，选择函数名 MAX，确定，选定数据区域 J2:J21，确定。用同样方法求出最小值 MIN。

8. 统计职工中工资总额大于 1200 元的人数。

操作步骤：单击任一空单元格，单击工具栏中的“粘贴函数”按钮，选择函数名 COUNTIF，在 Range 栏中输入“J2:J21”，在 Cirteria 栏中输入“>1200”，确定。

9. 设置奖金的 90%大于等于 450 元的为“优秀”，其余为“合格”。

操作步骤：单击单元格 M2，单击工具栏中的“粘贴函数”按钮，选择函数名 IF，确定，在 Logical_test 栏中输入“G2*0.9>=450”，在 Value if true 栏中输入“优秀”，在 Value if false 栏中输入“合格”，确定，拖动 M2 单元格填充柄向下拖放至单元格 M21。

10. 利用函数 YEAR 计算每个职工的工龄。

操作步骤：单击单元格 N2，输入公式(TEXT(YEAR(Nowc) -D2) -1900, "# #")，确定，拖动 N2 单元格填充柄向下拖放至单元格 N21。选中区域 N2:N21，执行“格式”菜单中的“单元格”命令，单击“数字”选项卡，选中“常规”，确定。

4.5.4　实验四 Excel 2003 图表的使用及窗口的管理

一、实验目的

1. 掌握 Excel 2003 工作表中数据图表的建立。
2. 掌握 Excel 2003 的数据图表的编辑。
3. 能够进行 Excel 2003 窗口的拆分、重排、冻结的操作。

二、实验内容

1. 根据图 4-5 中的数据生成一个基本工资总额和工资总额的柱形图表，最大刻度为 9 000，主要刻度单位为 600。

操作步骤：选定表中区域 B25:F27，单击工具栏中的“图表”按钮，在图表向导中选定“柱形图”，单击“下一步”按钮，选择系列产生在“行”上，单击“下一步”按钮，输入标题内容，单击“下一步”按钮，选定“嵌入工作表”，单击完成，右击柱形图表中的“数值轴”，单击“坐标轴格式”，在“刻度”选项卡中输入最大值为“9000”，主要刻度为“600”，确定。

2. 编辑柱形图表：调整图表的位置和大小，添加图表的数据标志、添加背景、美化图表等操作。

操作步骤：分别选中“图表区”和“绘图区”，拖动鼠标调整图表的位置和大小。右击选中“图表区格式”或“绘图区格式”，进行图表的美化。右击柱形图，选中“数据系列格式”，在“数据标志”选项卡选中“显示值”，确定。

3. 根据图 4-5 产生的数据生成一个工资总额的饼图。

操作步骤：选定表中区域 B26:F26 和 B27:F27，单击工具栏中的“图表”按钮，在图表向导中选定“饼图”，单击“下一步”按钮，选择系列产生在“行”上，单击“下一步”按钮，输入标题内容，单击“下一步”按钮，选定“嵌入工作表”，单击“完成”按钮。

4. 进行拆分窗口、冻结窗口的操作，并观察效果。

操作步骤：单击 C2，执行“窗口”菜单中的“拆分”命令和“冻结”命令。

5. 取消窗口的冻结，观察效果。

操作步骤：单击“窗口”菜单，执行“撤销冻结窗口”和“撤销拆分窗口”命令。

4.5.5　实验五 Excel 2003 的数据管理操作及打印

一、实验目的

1. 能进行 Excel 2003 数据列表的建立。
2. 掌握 Excel 2003 工作表中记录的排序、筛选及分类汇总的操作。
3. 能够进行工作表的页面设置和打印设置。

二、实验内容

1. 在工作表 Sheet1 中，用记录单创建一个如图 4-6 所示的数据列表。

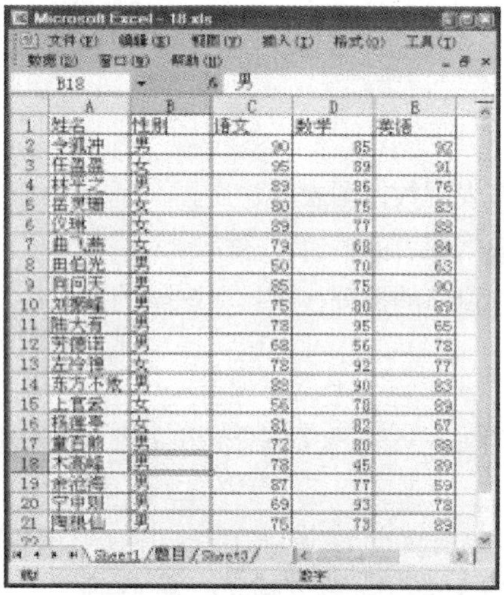

	A	B	C	D	E
1	姓名	性别	语文	数学	英语
2	令狐冲	男	90	85	92
3	任盈盈	女	95	89	91
4	林平之	男	89	86	76
5	岳灵珊	女	80	75	83
6	仪琳	女	89	77	88
7	曲飞燕	女	79	68	84
8	田伯光	男	50	70	63
9	向问天	男	85	75	90
10	刘正峰	男	75	80	89
11	陆大有	男	78	95	65
12	劳德诺	男	68	56	78
13	左冷禅	女	78	92	77
14	东方不败	男	88	90	83
15	上官云	女	56	78	89
16	杨莲亭	女	81	82	67
17	童百熊	男	72	80	88
18	木高峰	男	78	45	89
19	余沧海	男	87	77	59
20	宁中则	男	69	93	78
21	陶根仙	男	75	73	89

图 4-6　数据列表

操作步骤：选定工作表 Sheet1，在第一行中输入字段名：“姓名、性别、语文、数学、英语”，单击“数据”菜单，单击“记录单”，根据图 4-6 中的数据，逐个输入记录。

2. 统计出每个学生的总分，且总分按降序排列。

操作步骤：单击单元格 F2，单击工具栏的“求和”按钮(检查公式应为“=SUM(C2:E2)”)，确定，拖动 F2 单元格填充柄向下拖放至单元格 F21。单击单元格 F1，单击工具栏中的“降序”按钮。

3. 将性别作为第一关键字(升序)，总分作为第二关键字(降序)排列。

操作步骤：执行“数据”菜单中的“排序”命令，在排序窗口中选定主要关键字为“性别”、升序，次要关键字为“总分”、降序，选中“有标题行”，确定。

4. 将筛选出的所有女同学“英语”成绩加上 5 分。

操作步骤：单击“数据”菜单，选中“筛选”，单击“自动筛选”，单击“性别”处小三角并在其下拉式菜单中单击“女”，在每位女同学“英语”成绩上加 5 分；单击“数据”菜单，选中“筛选”，单击“自动筛选”。

5. 插入一张工作表 Sheet4，建立一个 3 门课程(语文、数学、英语)都在 70 分以上(包括 70 分)的学生数据列表。

操作步骤：右击工作表标签，执行“插入”命令，在对话框中选中“工作表”，确定，工作表名为 Sheet4。选中工作表 Sheet1，单击“数据”菜单，选中“筛选”，单击“自动筛选”，单击“语文”处小三角并在其下拉式菜单中单击“自定义”，在自定义窗口中指定条件为“大于或等于 70”，确定。“数学”、“英语”用同样方法操作。选定筛选出的数据区域，单击工具栏上的“复制”按钮，在 Sheet4 选中单元格 A1，单击工具栏上的“粘贴”按钮。

6. 在工作表 Sheet4 的数据列表中，筛选出所有的男同学记录并删除。

操作步骤：选中 Sheet4，单击“数据”菜单，选中“筛选”，单击“自动筛选”，单击“性别”处小三角并在其下拉式菜单中单击“男”，选定筛选出的数据区域(不含标题)，执行“编辑”菜单中的“删除行”命令；单击“数据”菜单，选定“筛选”，单击“自动筛选”。

7. 在工作表 Sheet1 中，从 I 列开始，建立一个有不及格成绩学生的数据列表，标题在第一行。

操作步骤：选定区域 C1:E1，单击工具栏中的“复制”按钮，选中单元格 C23，单击工具栏中的“粘贴”按钮，在单元格 C24，输入“<60”，在单元格 D25，输入“<60”，在单元格 E26，输入“<60”，单击“数据”菜单，选中“筛选”，单击“高级筛选”，在高级筛选窗口中，选定“将筛选结果复制到其他位置”，在数据区域栏中输入“Sheet1!$A$1:$F$21”，在条件区域栏输入“Sheet1!$C$23:$E$26”，在复制到栏中输入“Sheet1!$I$1:$N$11”，确定。

8. 将性别进行升序排列，并按性别对数学、语文、英语进行分类求均值，并观察分级显示的信息。

操作步骤：选中单元格 B1，单击工具栏中的“升序”按钮；执行“数据”菜单的“分类汇总”命令，选定分类字段为“性别”，汇总方式为“平均值”，汇总项为“数学、语文、英语”，选定“结果显示在数据下方”，确定。单击行号左边的按钮，观察分级显示的效果。

9. 将 Sheet4 中的数据列表页面为横向，起始页码为“2”，水平居中，页眉为“期终成绩”，打印此表 3 份。

操作步骤：选中 Sheet4，执行“文件”菜单中的“页面设置”命令，在“页面”选项卡中选定“横向”，起始页码设为“2”，在“页边距”选项卡中选定“水平居中”，在“页眉页脚”选项卡中单击“自定义页眉”，在页眉处输入“期终成绩”，确定。执行“文件”菜单中的“打印”命令，单击“选定工作表”，打印份数设为“3”，确定。

第5章　PowerPoint 演示文稿软件

5.1　基本知识点

1. 基本概念

PowerPoint 是一个以幻灯片形式展现文稿内容的应用软件。PowerPoint 处理的对象称为演示文稿，是一个扩展名为.PPT 的文件，其中包括一套幻灯片及其相关信息。在制作幻灯片时要考虑放映效果。

PowerPoint 启动与退出以及打开、保存、关闭、打印文稿的操作方法与 Word 和 Excel 等相同。

2. 创建演示文稿

(1) 模板与版式

模板是含有背景图案、配色方案、文字格式和提示文字等的若干张幻灯片，每张幻灯片使用一种版式。版式中包含许多占位符，用于填入标题、文字、图片、图表和表格等各种对象。

(2) 新建演示文稿

方法有很多，如使用“内容提示向导”、“设计模板”和“空演示文稿”等。

(3) 模板的其他应用

对于已经建立的演示文稿，可以改用新的模板，也可以对其中的个别幻灯片人为设计背景与色彩，还可以自行定义新的模板供以后使用。

3. 浏览和编辑演示文稿

(1) 浏览演示文稿

PowerPoint 2003 提供多种视图方式，如普通视图、幻灯片浏览视图、备注页视图、幻灯片放映视图 4 种视图方式。用户可根据需要，以不同方式显示演示文稿内容。

① 普通视图：是默认的视图方式，也是使用最多的视图方式。它又有两种模式，即大纲模式和幻灯片模式。幻灯片模式主要用于显示、制作和修饰一张幻灯片。该模式对于已有的对象(或对象占位符)，可以在选择对象后输入、修改内容以及设定修饰格式；对于原先没有的对象，可以插入新对象后进行输入、编辑。大纲模式不仅显示文稿中所有标题和正文，同时还显示一个缩小的幻灯片和备注文字。用户可利用“大纲”工具栏来编辑、调整幻灯片标题和正文的布局和内容。

② 幻灯片浏览视图：可以在屏幕上同时看到演示文稿中的所有幻灯片。这些幻灯片是以缩略图显示的，所以很容易在幻灯片之间添加、删除、复制、移动幻灯片以及选择动画切换方式。

③ 备注页视图：将在幻灯片下方显示幻灯片的注释页，可在该处为幻灯片创建用户的注释。用户可以为任何一张幻灯片添加注释。

④ 幻灯片放映视图：此种视图方式下，整个屏幕显示一张幻灯片，用户可以看到动画效果，听到声音。

(2) 编辑幻灯片

编辑幻灯片是指对幻灯片进行删除、复制和移动等操作，一般在“幻灯片浏览视图”中进行。编辑时，先选定幻灯片，方法是单击幻灯片。若要选择多张幻灯片，则按住 Shift 键，再单击需要的幻灯片。

4. 放映属性的设置与放映

(1) 放映属性概述

各种放映效果，如动画效果、切换效果和音响效果等，由多方面的放映属性决定。这些属性是在编辑过程中设定的，并成为演示文稿的内容。

(2) 一张幻灯片内部放映属性的设置

① 在幻灯片中设置“动作按钮”：用“幻灯片放映”菜单中的“动作按钮”命令来设置。放映是运用它引发某个动作。

② 在幻灯片中设置“超级链接”：选择代表超级链接起点的文本或其他对象，插入超级链接，输入或选择文件名或 Web 页。放映时运用超级链接能转去显示其他文件和网页等。

③ 幻灯片中的动画：选择菜单“视图”|“工具”|“动画效果”命令，选择“动态标题”或“自定义动画”等按钮。放映时使幻灯片中各个对象按一定顺序且以不同方式显示，形成有演变过程的一种效果。

(3) 多张幻灯片连续放映属性的设置

① 切换效果：指新的幻灯片在替换前一张幻灯片时，以何种方式出现在屏幕上。设置方法为，选择需要设置切换效果的幻灯片，选择菜单“幻灯片放映”|“幻灯片切换”命令，在对话框中进行选择设置。

② 对同一演示文稿设置多种不同的关于幻灯片范围及顺序的放映方案，以满足不同的需要。

(4) 设置放映方式

选择菜单“幻灯片放映”|“设置放映方式”命令，在对话框中选择一种放映类型(方式)。3 种放映类型是“演讲者放映”、“观众自行浏览”和“在展台浏览”，它们有各自的特点和使用场合。

(5) 执行放映

PowerPoint 提供了多种启动放映的方法，可以从第一张幻灯片开始放映，也可以按某种自定义方案放映，还可以不进入 PowerPoint，直接激活放映。按“演讲者放映”方式放映时，用户可以使用多种手段控制放映过程。

5. 演示文稿的打印与打包

使用“文件”菜单中的“打印”命令打印演示文稿时，可以选择打印内容是幻灯片、讲义或是备注页，还可以打印至文件。

选择菜单“文件”|“打包用于制作 CD”命令，可将演示文稿及其相关文件压缩成为一个“打包文件”，这样不但便于传递演示文稿，还可以保证能在其他的、甚至未安装 PowerPoint 的计算机上正常地放映。

5.2　重点和难点

1. 重点

本章的重点包括 PowerPoint 的基本概念；如何创建一个空演示文稿；如何在打开的演示文稿中制作幻灯片；放映属性的设置与放映；演示文稿的打印与打包。

2. 难点

本章的难点在于如何制作幻灯片；放映属性的设置与放映；演示文稿的打包。

5.3　习　　题

5.3.1　单项选择题

1. 打开磁盘上已有的演示文稿的方法一般有________。
   A. 1 种　　B. 2 种　　C. 3 种　　D. 4 种
2. 在 PowerPoint 中，对先前所做过的有限次编辑操作，以下正确的是________。
   A. 不能对已作的操作进行撤销
   B. 能对已作的操作进行撤销，但不能恢复撤销后的操作
   C. 能对已作的操作进行撤销，也能恢复撤销后的操作
   D. 不能对已作的操作进行撤销，也不能恢复撤销后的操作
3. 在 PowerPoint 中，若要对文本或段落进行缩进设置，应选择的命令是________。
   A. “格式”菜单中的“行距”命令
   B. “视图”菜单中的“标尺”命令
   C. “工具”菜单中的“版式”命令
   D. “工具栏”菜单中的“样式检查”命令
4. PowerPoint 提供的已安排好的配色方案有____________。
   A. 5 种　　B. 6 种　　C. 7 种　　D. 8 种

5. PowerPoint 中用以显示文件名的栏是______。

A. 常用工具栏　B. 菜单栏　C. 标题栏　D. 状态栏

6. 若要修改幻灯片中文本框内的内容，应该______。

A. 首先删除文本框，然后重新输入一个文字

B. 选择该文本框中所要修改的内容，然后重新输入文字

C. 重新选择带有文本框的版式，然后再向文本框内输入文字

D. 用新插入的文本框覆盖原文本框

7. 如果要从第 2 张幻灯片跳转到第 8 张幻灯片，应使用菜单“幻灯片放映”中的“____”命令。

A. 动作设置　B. 预设动画　C. 幻灯片切换　D. 自定义动画

8. 在演示文稿中新增一幻灯片，最快捷的方式是______。

A. 选择“插入”菜单中的“新幻灯片”命令

B. 单击工具栏上的“新幻灯片”按钮

C. 使用快捷菜单

D. 选择“编辑”菜单中的“新幻灯片”命令

9. 在____视图下，不能显示在幻灯片中插入的图片对象。

A. 普通视图大纲模式　B. 普通视图幻灯片浏览

C. 幻灯片　D. 幻灯片放映

10. PowerPoint 中的______只有一张幻灯片。

A. 设计模板　B. 制作模板　C. 内容模板　D. 大纲模板

11. 如果要将幻灯片的方向改变为纵向，可通过______命令来实现。

A. “文件”|“页面设置”　B. “文件”|“打印”

C. “格式”|“幻灯片版式”　D. “格式”|“应用设计模板”

12. 可以看到幻灯片右下角隐藏标记的视图是______。

A. 幻灯片视图　B. 幻灯片浏览视图

C. 大纲视图　D. 备注页视图

13. 有关幻灯片页面版式的描述，不正确的是______。

A. 幻灯片应用模板一旦选定，就不可以改变

B. 幻灯片的大小(尺寸)能够调整

C. 一篇演示文稿中只允许使用一种母版格式

D. 一篇演示文稿中不同幻灯片的配色方案可以不同

14. ______不是幻灯片的母版格式。

A. 黑白母版　B. 备注母版　C. 标题母版　D. 讲义母版

15. PowerPoint 中，设置幻灯片中各个组成元素的动画效果可以采用____菜单中的“动画方案”命令。

A. “格式”　B. “幻灯片放映”

C. “工具”　D. “视图”

5.3.2 判断正误题

1. 使用内容提示向导或设计模板建立的演示文稿都预先给出了幻灯片的背景和幻灯片的具体建议内容。 ( )

2. 修改演示文稿后，可以使用“文件”菜单中的“保存”或“另存为”命令，这两个命令的区别是：若选择“保存”，可以用其他文件名保存，或保存到其他位置；而“另存为”却只能用原文件名保存，不能保存到其他位置。 ( )

3. PowerPoint 2003 每次只能打开一个演示文稿文件，不能同时打开多个演示文稿文件。 ( )

4. 单击“幻灯片放映”菜单下的“观看放映”命令，同单击 PowerPoint 窗口左下角的“幻灯片放映”按钮作用一样，都是从当前幻灯片开始，放映正在编辑的演示文稿。 ( )

5. PowerPoint 2003 在放映的中途，用户可随时右击，使用快捷菜单切换到某张幻灯片、结束放映或做其他操作。 ( )

6. 在大纲视图中，可以使用“大纲”工具栏中的按钮来改变演示文稿的结构，每单击“提级”按钮一次，当前标题的级别提高一级。若将大标题提高一级，原属于它的所有小标题的级别均不变。 ( )

7. 在幻灯片浏览视图中，若单击工具栏中“显示比例”右侧的向下箭头，改变“显示比例”的值，那么幻灯片浏览视图中每行出现的幻灯片的数量会改变。 ( )

8. 若要使某个工具栏中的工具按钮出现或消失，可选择“视图”菜单下的“工具栏”命令，单击“工具栏”子菜单中的某个工具栏的名称。 ( )

9. 若要将一个 BMP 文件中的图像插入到当前幻灯片上，可以选择“插入”菜单中的“图片”命令，在“图片”的子菜单中选择“来自文件”命令。 ( )

10. 幻灯片切换也称为换页。可以为当前选择的某一张幻灯片或者当前选择的某一组幻灯片设置换页的方式、效果，但是不能为换页时设置声音。 ( )

5.3.3 填空题

1. PowerPoint 提供了两类模板，即______模板和______模板。

2. 利用 PowerPoint 创建新的演示文稿，在进入 PowerPoint 2003 的初始画面后，可有______、______、______3 种方法创建新的演示文稿。

3. 演示文稿的输出类型有打印机输出、______、投影机、35mm 幻灯机等 4 类。

4. 在 PowerPoint 2003 的启动对话框中，用户有 4 种选择，按顺序分别是：内容提示向导、________、空演示文稿和____________。

5. 若使用内容提示向导，用户可以选择一种跟自己所需最接近的演示文稿类型，该演示文稿不但预先定义了幻灯片的外观、配色方案、标题格式和文本格式等，还给出了幻灯片的具体_______。而________只预先定义了幻灯片的外观、配色方案、标题格式和文本格式等，没有给出幻灯片的具体建议内容。

6. 当前幻灯片的内容编好后，用户可通过单击常用工具栏中的“_______”按钮(或选择

“插入”菜单中的“_______”命令)，增加一张新幻灯片，再去编辑新幻灯片的内容。

7. 空演示文稿提供的幻灯片没有预先设计_______图案色彩。

8. 默认情况下，PowerPoint 能记录最近使用的_______个演示文稿文件，这几个文件能在“______”菜单的下拉子菜单中看到，单击其中的某一个，即可打开它。

9. PowerPoint 默认的放映方式是“________”，换片方式是“________”。在默认的放映方式下，用户可自己控制每张幻灯片的放映时间，通过按键或单击鼠标来放映后继内容。

10. 在打印幻灯片时，可以选择打印内容，打印内容分为：______(每页打印一张)、讲义(每页多张幻灯片)、_______、备注页。

5.3.4 简答题

1. 如何在某一张幻灯片上插入自选图形？
2. 如何将 Word 文档转变成演示文稿？
3. 如何删除、复制幻灯片？如何重新排列幻灯片顺序？
4. 如何为某一张幻灯片上的对象设置动画和声音？
5. 如何在某一张幻灯片上插入电影剪辑？
6. 如何链接到某个电子邮件地址？
7. 如何使用动作按钮跳转到本演示文稿的任何一张幻灯片上？

5.4 习题参考答案

5.4.1 单项选择题答案

1.C　2.C　3.B　4.C　5.C　6.B　7.A　8.B　9.A
10.A　11.A　12.B　13.A　14.A　15.B

5.4.2 判断正误题答案

1.×　2.×　3.×　4.×　5.√　6.×　7.√　8.√　9.√　10.×

5.4.3 填空题答案

1. 设计，内容
2. 内容指示向导，模板，空演示文稿
3. 屏幕输出
4. 设计模板，打开已有的演示文稿
5. 建议内容，设计模板
6. 新幻灯片，新幻灯片
7. 背景
8. 4，文件
9. 演讲者放映，人工
10. 幻灯片，大纲视图

5.4.4 简答题答案

(答案略。)

5.5　上机实验练习

5.5.1　实验一 演示文稿的建立

一、实验目的

1. 掌握 PowerPoint 的启动。
2. 熟悉 PowerPoint 的环境窗口和菜单命令。
3. 掌握演示文稿建立的基本过程。
4. 掌握幻灯片的基本编辑方法。

二、实验内容

1. 建立演示文稿

(1) 利用“内容提示向导”

在“内容提示向导”的指导下，选取演示文稿类型“企业”中的“团队主页”主题的演示文稿示范，如图 5-1 所示，建立一个演示文稿，并以 P1.ppt 为文件名(保存类型为“演示文稿”)保存在“我的文档”中，然后关闭该文档。

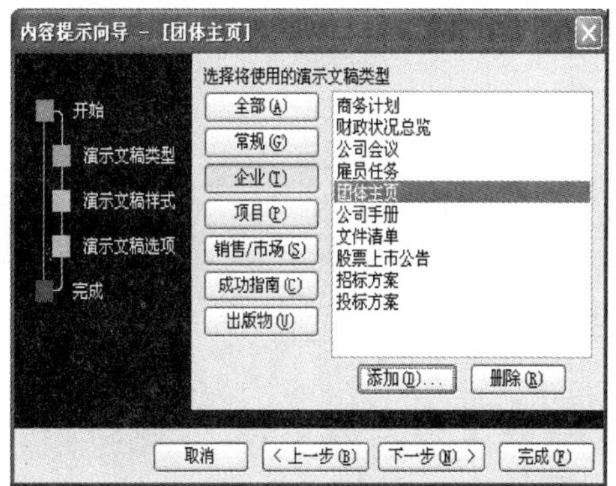

图 5-1　内容提示向导

(2) 利用“模板”

采用“天坛月色”设计模板建立自我介绍演示文稿 P2.PPT，由一张封面和 2 张幻灯片组成。其中，封面的标题为“自我介绍”，文字分散对齐。选择“星和旗帜”中的“上凸带型”，在幻灯片上画出该图形并添加年份。并在其左侧插入剪贴画中的卡通图片文件“马戏团”，图片大小为原图的 30%。

第一张幻灯片输入个人的基本信息，如姓名、性别、年龄、联系地址。

第二张幻灯片输入个人的经历，用圆点项目符号标记每一项经历。

幻灯片输入的文字均在文本框中对齐，关键文字用 32 磅粗楷体，说明部分用 28 磅宋体，如图 5-2 所示。

图 5-2　幻灯片效果

(3) 利用“演示文稿”

采用空白演示文稿的“文本和剪贴画”版式，如图 5-3 所示，建立演示文稿 P3.PPT，标题处填入“通告”，文本内容自定，剪贴画处选用“工作人员”类别下的“会议”图片，如图 5-4 所示。

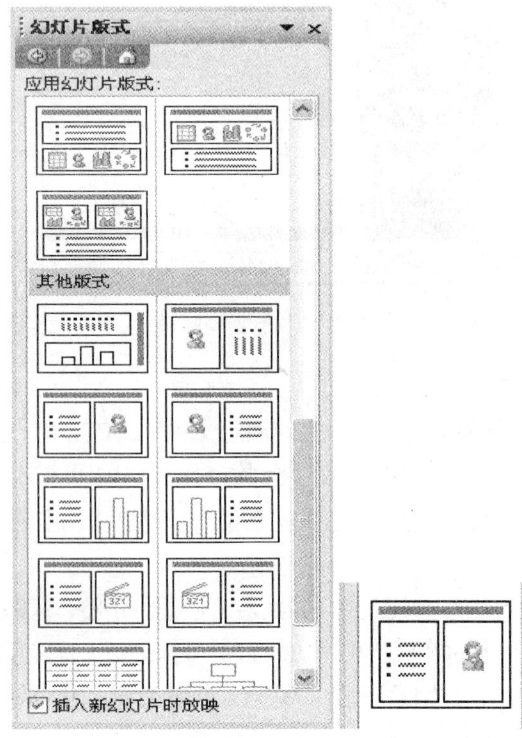

图 5-3　幻灯片版式

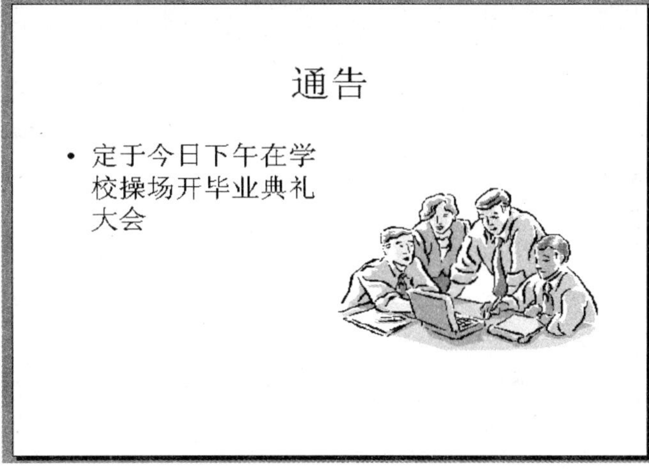

图 5-4　幻灯片效果

2. 幻灯片编辑

(1) 在幻灯片视图中编辑文本

在已有的自我介绍演示文稿进行文本的选定、移动、复制、撤销、查找和替换。

(2) 插入图片

将演示文稿 p2.ppt 中的标题“自我简介”改为“艺术字”库对话框内第 3 行第 2 列的样式。删除剪贴画“马戏团”，加入自己的照片。

(3) 插入表格

对建立的自我介绍演示文稿 p2.ppt 加一幻灯片，插入自己的成绩表格。

(4) 配色

对建立的自我介绍演示文稿 p2.ppt 的每个部分进行重新配色。

5.5.2　实验二 修饰与模板的使用

一、实验目的

1. 掌握 PowerPoint 的母版使用。
2. 熟悉 PowerPoint 的模板使用。
3. 掌握 PowerPoint 配色方案的使用。

二、实验内容

1. 建立幻灯片母版

(1) 启动 PowerPoint，新建或打开一个演示文稿。执行“视图”|“幻灯片母版”命令，进入“幻灯片母版视图”状态，此时“幻灯片母版视图”工具条也随之被展开。

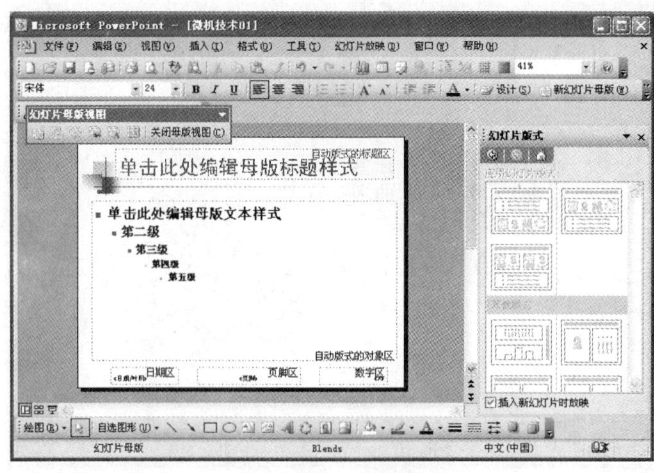

图 5-5　幻灯片母版视图

(2) 单击“单击此处编辑母版标题样式”字符，在随后弹出的快捷菜单中，选择“字体”选项，打开“字体”对话框。设置好相应的选项后，单击“确定”按钮返回。然后分别右击“单击此处编辑母版文本样式”及下面的“第二级、第三级……”字符，如图 5-5 所示，设置好相关格式。执行“视图”|“页眉和页脚”命令，打开“页眉和页脚”对话框，切换到“幻灯片”标签下，即可对日期区、页脚区、数字区进行格式化设置。执行“插入”|“图片”|“来自文件”命令，打开“插入图片”对话框，定位到事先准备好的图片所在的文件夹中，选中该图片将其插入到母版中，并定位到合适的位置上。

(3) 全部修改完成后后，单击“母版”工具条上的“关闭”按钮，返回到幻灯片视图中，“幻灯片母版”制作完成如图 5-6 所示。

图 5-6　制作完成的效果

2. PowerPoint 的模板使用

(1) 应用设计模板

启动 PowerPoint，执行“文件”|“新建”命令，展开“新建演示文稿”任务窗格，单击其中的“根据设计模板”选项，打开“模板”对话框选中需要的模板，单击“确定”按钮。

(2) 创建自己的设计模板

打开现有的演示文稿。更改演示文稿的设置(如修改文本占位符的字符、字号和字型等)，选择“文件”菜单中的“另存为”命令，选择保存类型为演示文稿设计模板。设计如图 5-7 所示的模板。

图 5-7　模板

3. 使用配色方案

(1) 应用新的标准配色方案

选择“格式”菜单中的“幻灯片设计”命令，在左面的任务窗格中选择标准配色方案中的一种，如图 5-8 所示，将新的配色方案应用于整个演示文稿。

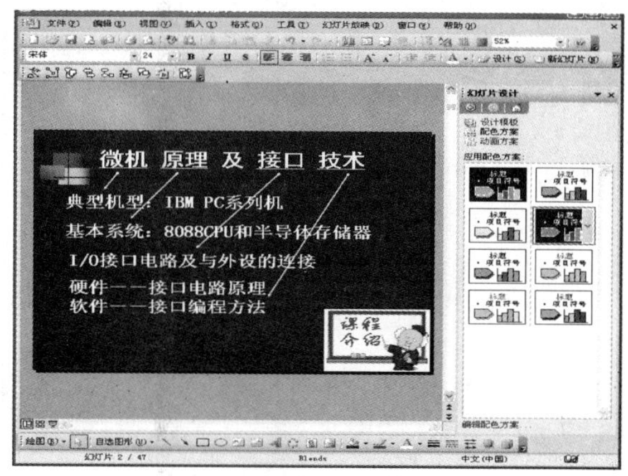

图 5-8　幻灯片效果

(2) 创建配色方案

单击任务窗格下面的编辑配色方案标签，弹出“编辑配色方案”对话框，如图 5-9 所示，选择各个项目所需的颜色并调节亮度，将最后的配色方案添加为标准配色方案并应用于演示文稿中。

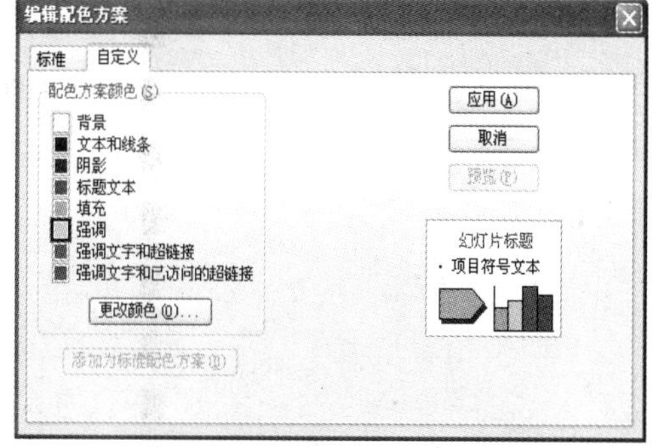

图 5-9　“编辑配色方案”对话框

5.5.3　实验三　多媒体制作技术

一、实验目的

1. 掌握 PowerPoint 的动画设置。
2. 掌握 PowerPoint 的声音配置。
3. 掌握 PowerPoint 影片的添加。

二、实验内容

1. 幻灯片的动画设计

(1) 幻灯片内动画设计

如图 5-10 所示，对建立的自我介绍演示文稿 p2.ppt 内第一张幻灯片中的“姓名”部分，在前一事件结束 2 秒后采用“左侧飞入”的动画效果。对在第 2 张幻灯片的个人经历，按项一条一条地显示。

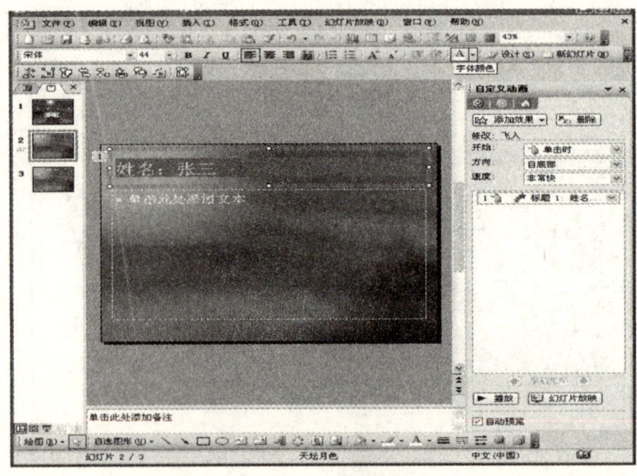

图 5-10　动画设计

(2) 设置幻灯片间切换效果

使建立的演示文稿 p1.ppt 内各幻灯片间的切换效果分别采用百叶窗、溶解、盒状展开、随机等方式。设置切换速度为“快速”。换页方式可以通过单击鼠标或定时 3 秒，如图 5-11 所示。

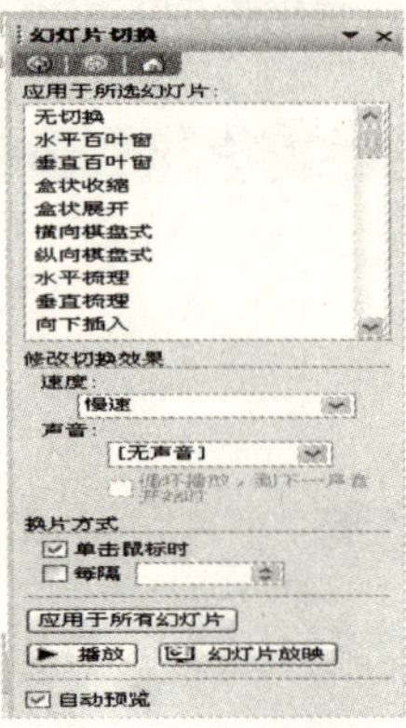

图 5-11　切换设置

2. 声音配置

(1) 插入声音文件

准备好声音文件(*.mid、*.wav 等格式)。选中需要插入声音文件的幻灯片，执行“插入”|“影片和声音”|“文件中的声音”命令，如图 5-12 所示，打开“插入声音”对话框，定位到上述声音文件所在的文件夹，选中相应的声音文件，单击“确定”按钮返回。

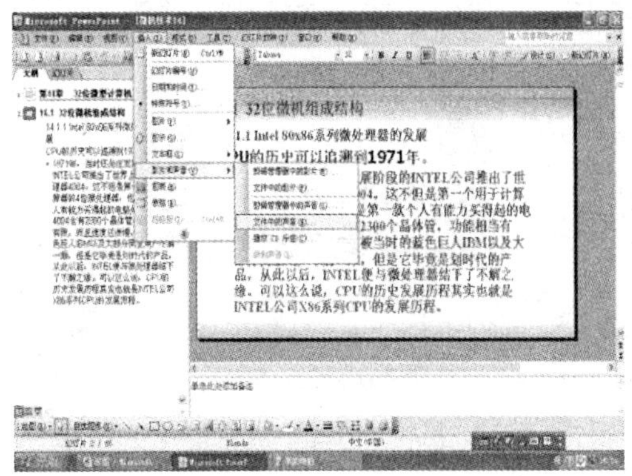

图 5-12　插入声音

(2) 为幻灯片配音

在电脑上安装并设置好麦克风，执行“幻灯片放映”|“录制旁白”命令，打开“录制旁白”对话框。选中“链接旁白”选项，并通过“浏览”按钮设置好旁白文件的保存文件夹。同时根据需要设置好其他选项。单击“确定”按钮，进入幻灯片放映状态，一边播放演示文稿，一边对着麦克风朗读旁白。播放结束后，系统会弹出提示框，如图 5-13 所示，根据需要单击其中的相应按钮。

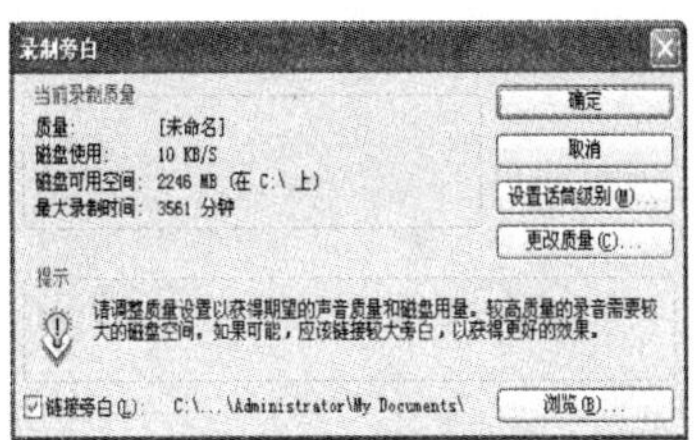

图 5-13　录制旁白

3. 添加影片

(1) 插入视频文件

准备好视频文件，选中相应的幻灯片，执行“插入”|“影片和声音”|“文件中的影片”命令，然后仿照上面“插入声音文件”的操作，将视频文件插入到幻灯片中。

(2) 添加 Flash 动画

执行“视图”|“工具栏”|“控件工具箱”命令，展开“控件工具箱”工具栏。单击工具栏上的“其他控件”按钮，在弹出的下拉列表中，选择 Shockwave Flash Object 选项，如图 5-14 所示，这时鼠标变成了细十字线状，按住左键在工作区中拖拉出一个矩形框(此为后来的播放窗口)。右击上述矩形框，在随后弹出的快捷菜单中，选择“属性”选项，打开“属性”对话框，

在 Movie 选项后面的方框中输入需要插入的 Flash 动画文件名及完整路径，然后关闭“属性”窗口。

图 5-14　选择“Shockwave Flash Object”选项

5.5.4　实验四 超级链接技术

一、实验目的

1. 掌握 PowerPoint 的超级链接技术。
2. 掌握 PowerPoint 的幻灯片链接技术。
3. 熟悉超级链接技术在 PowerPoint 中的实际效果。

二、实验内容

1. 演示文稿中的超级链接

(1) 对象的链接

在普通视图的幻灯片模式中，选择“插入”菜单中的“对象”命令，对象类型选择“microsoft Excel 图表”选项，如图 5-15 所示。

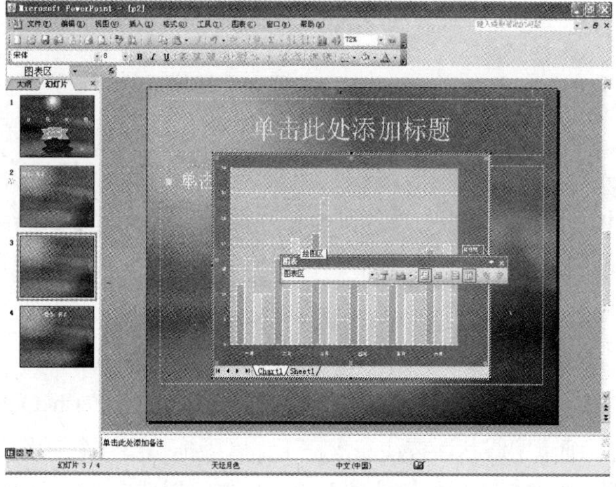

图 5-15　插入对象

(2) 文件的链接

插入对象时选择“由文件创建”，单击“浏览”按钮，选择文件嵌入到演示文稿，如图 5-16 所示。

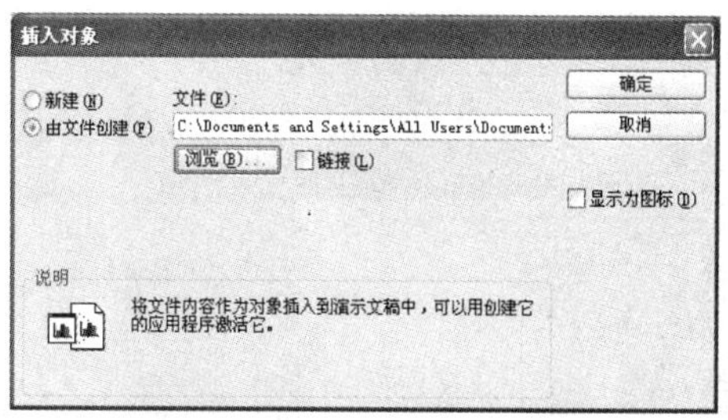

图 5-16　“插入对象”对话框

(3) 控制链接方式的更新方式

将各链接对象的动作方式设置为“超链接到”，单击“确定”按钮，如图 5-17 所示。单击放映幻灯片，观测结果。

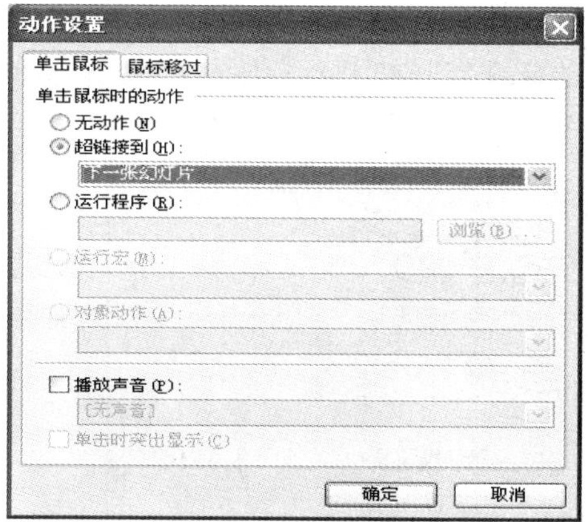

图 5-17　动作设置

2. 幻灯片的链接

(1) 创建超级链接

建立演示文稿 p4.ppt，在第一张幻灯片内放置两个文本框，分别输入“说明”和“图表”，并使这些文字成为超级链接，分别链接 Word 和 Excel 实验中的两个文档，如图 5-18 所示。

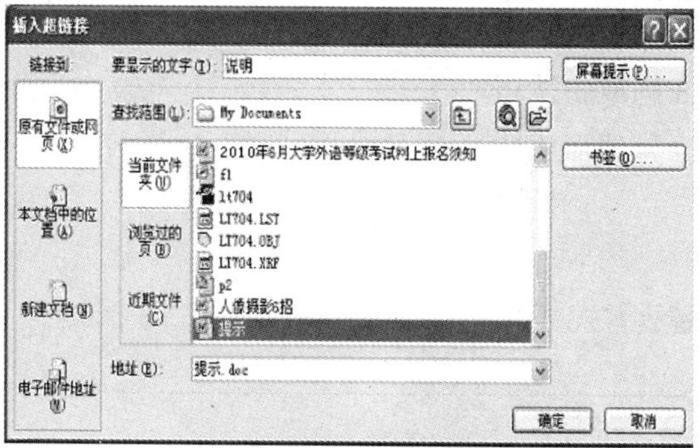

图 5-18　插入超链接

(2) 动作按钮

在演示文稿 p2.ppt 内的每一张幻灯片下方放置动作按钮，分别可跳转到上一张，再在第一张幻灯片下方放置另一动作按钮，可跳转到 p1.ppt，如图 5-19 所示。

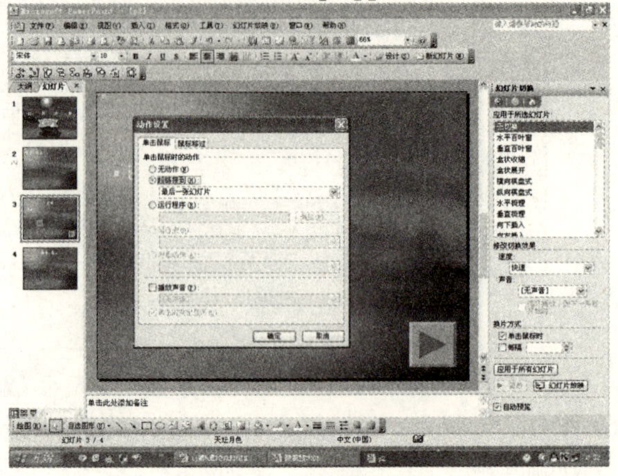

图 5-19　放置动作按钮

将演示文稿 p3.ppt 内的标题“通告”进行动作设置，如图 5-20 所示，使鼠标单击该文字时，可启动“画图”程序。

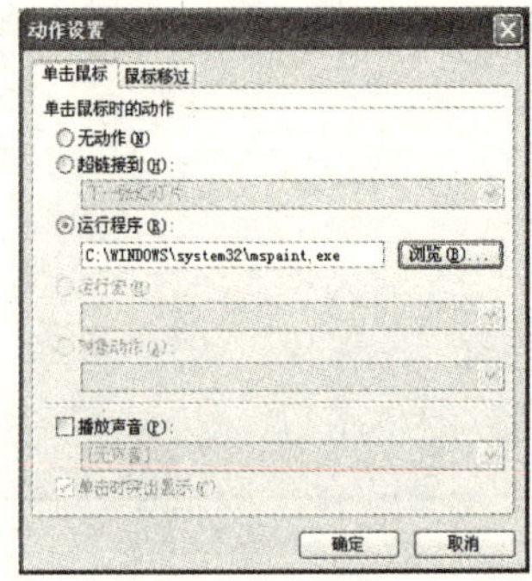

图 5-20　动作设置

5.5.5　实验五 播放技术

一、实验目的

1. 掌握 PowerPoint 的不同播放方式。
2. 掌握 PowerPoint 的放映技巧。
3. 掌握 PowerPoint 异地播放技术。

二、实验内容

1. 演示文稿中的播放方式

(1) 自动播放文稿

启动 PowerPoint，打开相应的演示文稿，执行“幻灯片放映” | “排练计时”命令，进入

“排练计时”状态。此时，单张幻灯片放映所耗用的时间和文稿放映所耗用的总时间显示在“预演”对话框中。手动播放一遍文稿，并利用“预演”对话框中的“暂停”和“重复”等按钮控制排练计时过程，以获得最佳的播放时间。播放结束后，系统会弹出一个提示是否保存计时结果的对话框，单击其中的“是”按钮即可。

(2) 循环放映文稿

如果文稿在公共场所播放，通常需要设置成循环播放的方式。

进行了排练计时操作后，打开“设置放映方式”对话框，如图 5-21 所示，选中“循环放映，按 ESC 键终止”复选框和“如果存在排练时间，则使用它”单选按钮，单击“确定”按钮，退出。

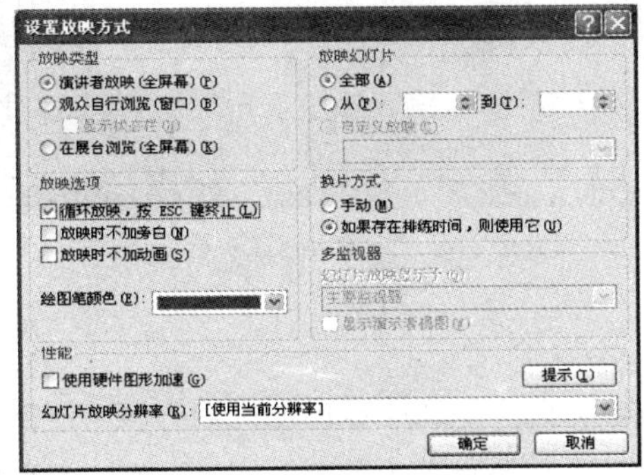

图 5-21　设置放映方式

(3) 隐藏部分幻灯片

执行“视图”|“幻灯片浏览”命令，切换到“幻灯片浏览”视图状态下。选中需要隐藏的幻灯片，右击，在随后弹出的快捷菜单中，选择“隐藏幻灯片”命令(此时，该幻灯片序号处出现一个斜杠)，在一般播放时，该幻灯片不能显示出来，如图 5-22 所示。

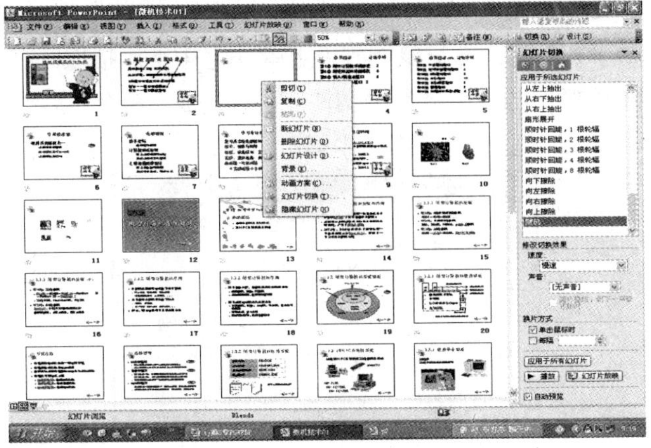

图 5-22　“幻灯片浏览”视图

2. 放映技巧

(1) 及时指出文稿重点

在放映过程中，可以在文稿中画出相应的重点内容：在放映过程中，右击，在随后出现的快捷菜单中，选择“指针选项”|“圆珠笔”命令，此时，鼠标变成一支“圆珠笔”，如图

5-23 所示，可以在屏幕上随意绘画。

图 5-23　选择“圆珠笔”选项

(2) 用好快捷键

在文稿放映过程中：按 B 或“.”使屏幕暂时变黑(再按一次恢复)；按 W 或“,”使屏幕暂时变白(再按一次恢复)；按 E 清除屏幕上的画笔痕迹；按 Ctrl+P 组合键切换到“画笔”(按 ESC 键取消)；按 Ctrl+H 组合键隐藏屏幕上的指针和按钮；同时按住左、右键 2 秒钟，快速回到第 1 张幻灯片上。

3. 打包播放

通常称用于制作演示文稿的电脑为“电脑 A”，用于播放演示文稿的电脑为“电脑 B”。如果“电脑 B”中既没有安装 PowerPoint，又没有安装什么播放器，可以在“电脑 A”上，将演示文稿的播放器一并打包，然后复制到“电脑 B”中解压播放。在“电脑 A”上启动 PowerPoint，打开相应的演示文稿。执行“文件”|“打包成”命令，启动“打包成 CD”对话框，如图 5-24 所示。将目标复制到电脑 B 中解压播放。

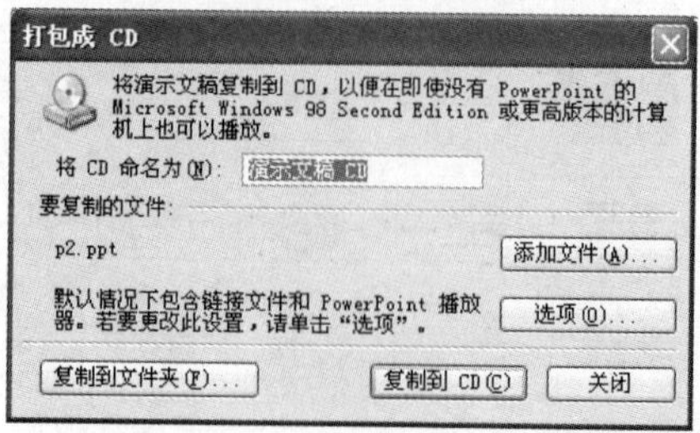

图 5-24　“打包成 CD”对话框

第6章　计算机网络基础知识

6.1　基本知识点

1. 计算机网络基础知识

(1) 网络概述

计算机网络就是通过通信线路把地理上分散的多台独立计算机连接起来，在网络操作系统的支持下，实现资源共享与信息通信的系统。

计算机网络的主要功能为：资源共享、远程通信和均衡负荷。

计算机网络按其地域分布的范围主要分为：广域网、局域网和城域网。

计算机网络由通信子网和资源子网组成。通信子网是指把计算机系统连接起来的数据通信系统，包括通信设备、通信控制软件等；资源子网是指联网的各种计算机系统，主要包括网络服务器及网络终端。

(2) 网络拓扑结构

常见网络的拓扑结构有星型结构、环形结构、总线结构、树型结构及网状结构。

(3) 网络协议

为使网络内的各种计算机能实现相互通信，而制定的各类标准及规范的总称，称为网络协议。现在的网络协议都采用分层协议。

国际标准化组织(ISO)制定的开放系统参考模型(OSI)共分 7 层，即物理层、数据链路层、网络层、传输层、会话层、表示层及应用层。

(4) 计算机通信

① 调制解调器 Modem：发送时，实现 D/A 转换；接收时，实现 A/D 转换。

② 网络适配器：也称网卡，用于处理网络传输介质上的信号，并在网络媒介和计算机之间交换数据。

③ 传输介质：可分有线介质和无线介质两种。前者主要包括双绞线、同轴电缆及光缆等，而后者如卫星通信、微波、红外线等。

④ 互联设备：用于把同一个网络的不同部分连接起来，或连接同种网络或异种网络以形成更大的网络。主要的网络互联设备有网桥、路由器、网关、集线器和交换机。

2. Internet 概述

Internet 是 International NetWork 的简称，中文含义为“国际互联网”。是通过 TCP/IP

协议将网络连接起来的全球性计算机网络联合体。

(1) Internet 的发展历程

1969 年，美国防部建成 ARPANET。

1982 年，APPANET 与 MILNET 合并，构成 Internet 雏形。

1985 年，建成基于 TCP/IP 协议的 NSFNET，成为 Internet 基础。

1983 年，美国政府提出“国家信息基础设施 NII”，1995 年继而提出“全球信息基础设施 GII”，即所谓的信息高速公路的思想。

(2) TCP/IP 协议

TCP/IP 协议集合是 Internet 的通信协议。TCP(传输控制协议)和 IP(互连协议)是 TCP/IP 协议集合中最重要的两个协议。

TCP/IP 协议分 4 层，即物理层、网络层、传输层和应用层。

(3) Internet 提供的主要服务

① WWW 服务，即所谓的万维网服务，也称为 Web 服务。采用客户/服务器工作模式。信息资源以网络的形式存储在服务器中，用户通过客户端的应用程序(浏览器)，向服务器发出请求，服务器根据请求提供某个页面返回给客户端，由浏览器再对其进行解释，并最终将从服务器端下载的网页显示在用户面前。Web 服务器及浏览器通信的协议是 HTTP，即超文本传输协议。

② 电子邮件服务。

③ 文件传输服务(FTP)。

④ 远程登录服务(Telnet)。

⑤ 其他服务：如电子公告牌(BBS)、网上搜索。

3. Internet 网络

(1) IP 地址

Internet 网上的每一台主机(Host)或站点(Site)都有唯一的 IP 地址，用 32 位二进制数表示，即 4 个字节，通常每一个字节用一个十进制数字表示。

IP 地址分为 5 类，其中 A 类、B 类和 C 类的定义如下。

A 类：1.1.1.1~126.254.254.254

B 类：128.1.1.1~191.254.254.254

C 类：192.1.1.1~223.254.254.254

(2) 域名

IP 地址比较难记，所以常使用具有一定含义的域名来表示一台主机或站点的地址，由域名系统 DNS 实现域名地址与 IP 地址之间的转换，这会给网络用户带来很大的方便。

域名具有一定的结构，如 tsinghua.edu.cn。其中最右边的 cn 为一级域名，往往代表国家或地区，但对于美国的组织，通常省略，在这种情况下，其一级域名就不再表示国家；edu 代表称为二级域名，常为机构名。

部分一级域名：jp 日本；ca 加拿大；uk 英国；fr 法国；de 德国。

常用二级域名：com 商业组织；edu 教育机构；net 网络机构；org 非营利组织；gov 政

府机构。

(3) E-mail 地址

格式：用户名@主机域名。

(4) URL 地址

URL(Uniform Resource Locator)，即统一资源定位符，由 3 部分构成：资源类型、存放资源的主机域名和资源文件名。

常见资源类型如下：

WWW	万维网资源，连接 Web 服务器
FTP	连接 FTP 文件服务器
GOPTHER	连接 GOPHER 服务器

4. 连接 Internet

(1) 接入方式

① 终端方式：终端用户没有自己的 IP。

② 主机方式：需要一个唯一的 IP 地址。

③ 网络方式：通过局域网服务器接入 Internet。

(2) 拨号入网

这是普通用户通过电话线路上网的常见方式。

入网条件分别如下。

硬件：计算机、Modem 和电话线路。

软件：

① 向 Internet 服务提供商(ISP)申请账户、密码。

② 网络工具，如浏览器、下载工具等。

5. 浏览器 Internet Explorer 6.0

浏览器的使用方法如下。

(1) 浏览网页：在地址栏中输入某网站的 IP 地址或域名地址。

(2) 使用超链接：当鼠标停留在浏览的网页中的设置有超链接的位置处时，鼠标光标会变成一手形，单击即可打开与超链接所链接到的网页。

(3) 使用收藏夹：对于自己喜欢的网页可放入收藏夹，也可对收藏夹进行整理或删除不想保留的收藏项。

6. 使用搜索引擎

搜索引擎是用户搜索想要的信息的主要途径。当用户利用关键字查询时，搜索引擎会显示包含该关键字信息的所有网站，并提供通向这些网站的链接。

常见的中文搜索引擎如下。

雅虎	http://cn.yahoo.com
搜狐	http://www.sohu.com

网易	http://www.163.com
GOOGLE	http://www.google.com.hk
百度	http://www.baidu.com

7. 使用 Outlook Express

Outlook Express(OE)是一个功能强大的邮件管理器，也是个人办公常用信息的理想管理器。

(1) 发送邮件

启动 Outlook Express，创建新邮件，在打开的“新邮件”窗口中，输入邮件内容并填写或选择有关项，然后单击“发送”按钮。

如果要传递附件，可通过选择“插入”|“文件附件”命令，然后在打开的对话框中选择欲发送的文件即可。

(2) 接收并查看邮件

在 OE 环境中，单击“收件箱”文件夹，则当前账号下的全部邮件都会在窗口列出，可通过单击或双击邮件列表中的邮件，以阅读其内容。

(3) 管理邮件

包括分拣、查找、删除、移动及删除邮件等。

6.2 重点与难点

1. 计算机网络的概念及网络分类。
2. 网络分层协议；OSI 的 7 层协议；TCP/IP 协议。
3. 电子邮件的概念，电子邮件的收发。
4. 使用常见的 Internet 服务及简单 Internet 选项设置。
5. 浏览器的使用和简单设置。

6.3 习 题

6.3.1 单项选择题

1. 计算机网络的最主要的功能是______。

   A. 综合信息服务　　B. 均衡负荷与分布处理

   C. 信息传送与集中处理　　D. 资源共享

2. 拥有计算机并以拨号方式接入网络的用户需要使用______。

   A. CD-ROM　　B. 鼠标　　C. 电话机　　D. Modem

3. Internet 上许多不同的复杂网络和许多不同类型的计算机互相通信的基础是______。

   A. ATM　　B. TCP/IP　　C. Novell　　D. X. 25

4. 当网络中任何一个工件站发生故障时，都有可能导致整个网络停止工作，这种网络的拓外结构为______结构。

A. 星型　　B. 环型　　C. 总线型　　D. 树型

5. E-mail 地址的格式为：username@hostname，其中 hostname 为______。

A. 用户地址名　　B. 某公司名　　C. ISP 主机的域名　　D. 国家名

6. 计算机网络按距离或规模来分，可分为几类。其中 LAN 是指______。

A. 因特网　　B. 广域网　　C. 城域网　　D. 局域网

7. 在 Internet 上，可以利用______与网友直接聊天。

A. FTP　　B. WWW　　C. Telnet　　D. BBS

8. 目前因特网还没有完全提供的服务的是______。

A. 文件传送　　B. 电子邮件　　C. 远程使用计算机　　D. 电视广播

9. 当有两个以上同类网络互联时，应该使用______。

A. 中继器　　B. 网桥　　C. 路由器　　D. 网关

10. 信息高速公路传送的是______。

A. 二进制数据　　B. 系统软件　　C. 应用软件　　D. 多媒体信息

11. 在电子邮件中所包含的信息______。

A. 只能是文字　　B. 只能是文字与图形图像信息

C. 只能是文字与声音信息　　D. 可以是文字、声音和图形图像信息

12. 个人用户访问 Internet 最常见的方式是______。

A. 公用电话网　　B. 综合业务数据网

C. DDN 专线　　D. x. 25 网

13. ______属于计算机网络。

A. 多用户系统

B. 若干台能交换信息、有独立功能的计算机相连

C. 并行计算机

D. 激光打印机、扫描仪、绘图仪等和一台微机相连

14. 广域网和局域网是按照______来分的。

A. 网络使用者　　B. 信息交换方式

C. 网络连接距离　　D. 传输控制规程

15. 局域网的拓扑结构主要由______、环形、总线型和树型 4 种。

A. 星型　　B. T 型　　C. 链型　　D. 关系型

16. 在网上下载的文件大多数属于压缩文件，以下哪个类型是压缩文件？________。

A. JPG　　B. AU　　C. ZIP　　D. AVI

17. ______用于异种网络操作系统的局域网之间的连接。

A. 中继器　　B. 网关　　C. 集成器　　D. 网桥

18. 在 Internet 中，用以标识计算机身份的是：_________。

A. 计算机名　　B. IP 地址

C. 电子邮件地址　　D. 该计算机所在的物理地址

19. Internet 的意译是______。

A. 国际互联网　B. 中国电信网　C. 中国科教网　D. 中国金桥网

20. 下列不属于 Internet 信息服务的是________。

A. 远程登录　B. 文件传输　C. 网上邻居　D. 电子邮件

21. 因特网起源于______。

A. 美国　B. 英国　C. 德国　D. 澳大利亚

22. Telnet 的功能是______。

A. 软件下载　B. 远程登录　C. WWW 浏览　D. 新闻广播

23. 连接到 WWW 页面的协议是______。

A. HTML　B. HTTP　C. SMTP D. DNS

24. URL 的意思是______。

A. 统一资源定位器　B. Internet 协议

C. 简单邮件传输协议　D. 传输控制协议

25. 在因特网上，用于文件传输服务的是______。

A. FTP　B. E-mail　C. Telnet D. WWW

26. 在 Windows 2000 中采用拨号入网使用的软件是______。

A. 超级终端　B. 拨号网络　C. 电话拨号程序　D. 以上都不是

27. 中国公用互联网络，简称为______。

A. . GBNET　B . CERNET　C. CHINANETD. CASNET

28. TCP/IP 协议中的 TCP 相当于 OSI 中的______。

A. 应用层　B. 网络层　C. 物理层　D. 传输层

29. 以下因特网网址书写格式不正确的是________。

A. www.microsoft.com　B. http://www.xx.yy.js.cn

C. http://xx@js.cn　D. http://cn.yahoo.com

30. 下述哪个不属于浏览器______。

A. Internet Explorer　B. Netscape

C. OperA.　D. Outlook Express

31. 若要在因特网上实现电子邮件,所有的用户终端机都必须通过局域网或用 Modem 通过电话线连接到________，它们之间再通过 Internet 相连。

A. 本地电信局　B. E-mail 服务器

C. 本地主机　D. 全国 E-mail 服务中心

32. 电子邮件地址的一般格式为______。

A. 用户名@域名　B. 域名@用户名

C. IP 地址@域名　D. 域名@IP 地址

33. 下列说法错误的是：______。

A. 电子邮件是 Internet 提供的一项最基本的服务

B. 电子邮件具有快速、高效、方便、价廉等特点

C. 通过电子邮件，可向世界上任何一个角落的网上用户发送消息

D. 可发送的多媒体只有文字和图像

34. 当电子邮件在发送过程中有误时，则________。

A. 电子邮件将自动把有误的邮件删除

B. 邮件将丢失

C. 电子邮件会将原邮件退回，并给出不能寄达的原因

D. 电子邮件会将原邮件退回，但不能给出不能到达的原因

35. 电子邮件的邮箱________。

A. 在 ISP 的服务器上　　B. 在用户申请的网站的服务器上

C. 在 Outlook Express 里　　D. 在 Outlook Express 所在的电脑里

36. FDDI 网采用________技术提供高度可靠性和容错能力。

A. 令牌环　　B. 多级确认　　C. 配备冗余交换机　　D. 双环结构

37. SMTP 服务器用来________邮件。

A. 接收　　B. 发送　　C. 接收和发送　　D. 以上均错

38. 收到一邮件，再把它发给别人，一般可以用________。

A. 答复　　B. 转发　　C. 编辑　　D. 发送

39. 下面有关转发邮件(Forward)，不正确的说法是：________。

A. 在 Inbox 中选中要转发的邮件，再按 Forward 按钮便可

B. 用户可对原邮件进行添加，修改，或原封不动地将其转发

C. 若转发时，用户工作在脱机状态，等到用户联机上网后，还要再重复转发一次才行

D. 转发邮件，是用户收到一封电子邮件后，再发给其他成员

40. 下列高速网络技术中，不属于共享带宽的网络是：________。

A. 100BASE-T　　B. 100VG-AnyLAN

C. ATM　　D. FDDI

6.3.2　多项选择题

1. 计算机网络常用的传输介质有______。

A. 光导纤维　　B. 双绞线　　C. 卫星通信

D. 基带网　　E. 公用电话网　　F. 同轴电缆

2. 近几年全球掀起了 Internet 热，在 Internet 上能够_______。

A. 查询检索资料　　B. 打国际长途电话　　C. 货物快递

D. 传送图片资料　　E. 收发电子邮件

3. 下列关于局域网拓扑结构的叙述中，正确的有______。

A. 星型结构的中心站发生故障时，会导致整个网络停止工作

B. 环形结构网络上的设备是串在一起的

C. 总线结构网络中，若某台工作站故障，一般不影响整个网络的正常工作

D. 树型结构的数据采用单级传输，故系统响应速度较快

4. 计算机网络按照拓扑结构，可以分为：______。

A. LAN　　B. 星型结构　　C. MAN

D. 总线型结构　　E. 网状结构　　F. WAN

5. Internet 中，以下______是常见的功能和服务。

A. E-mail　B. Telnet　C. 浏览器 Netcape

D. 浏览器 Explorer　E. 查询服务　F. FTP 文件传输服务

6. 下列有关域名和 IP 地址的说法中，正确的是：______。

A. 接入到 Internet 的计算机 IP 可以随意指定

B. 计算机的 IP 地址只能是唯一确定的

C. 计算机的 IP 地址和域名之间是一一对应的关系

D. IP 地址是 32 位的，它的书写形式是每段之间用逗号隔开

7. 一个 Novell 网主要由______基本部分组成。

A. 文件服务器　B. 工作站　C. 网卡及传输媒介　D. 网络系统软件

8. 我国的“三金工程”是______。

A. 金卡工程　B. 金卫工程　C. 金桥工程

D. 金粮工程　E. 金税工程　F. 金关工程

9. 下列有关万维网浏览器的叙述中，正确的有________。

A. 万维网浏览器是一个客户端程序

B. 在万维网浏览器中可以下载文件

C. 万维网浏览器的主要用途是查询和浏览信息

D. 在万维网浏览器中可以打印浏览到的文件

E. 在万维网浏览器中用户可以保存刚访问过的 WWW 网址

F. 在万维网浏览器中可以建立用户自己的主页

G. 在万维网浏览器中不能发送 E-mail

10. Internet 上使用的网络协议 TCP/IP 把 Internet 描述成具有以下___层功能的网络模型。

A. 物理层　B. 链路层　C. 网络层　D. 会话层

E. 表示层　F. 应用层　G. 传输层

6.3.3 填空题

1. 在计算机网络的使用中，网络的最显著特点是______。

2. 目前我国直接进行国际联网的互联网络有公用电话网、科技网、金桥网和______。

3. 通过中国公用电话网可以与 Internet 连通，此时用户只要一台 486 以上的微机，一根直拨电话线和______，并配备网络通信软件，就可以拨号上网了。

4. 对网络中的计算机，Windows XP 可以通过______来访问网络中其他计算机中的信息。

5. ISO/OSI 参考模型是指国际标准化组织提供的______系统互联模型。

6. Internet 上的主机域名和其 IP 地址的关系是______。

7. 电子公告牌的英文缩写是______。

8. 网络体系结构中，OSI 的 7 层协议：(1)数据链路层；(2)网络层；(3)表示层；(4)应用层；(5)会话层；(6)物理层；(7)传输层。其由低层到高层排列，依次为____________。

9. 下载是指从__________上复制文字、图片、声音等信息或软件到本地硬盘上。

10. Outlook Express 的关键信息区里有“收件人”、“抄送”、__________和“主题”。

6.3.4 简答题

1. 常见的计算机网络的拓扑结构有哪几种?
2. Internet 主要提供哪些服务?
3. 什么是 TCP/IP?
4. IP 地址和域名地址有什么联系和区别?
5. 简述国际标准化组织(OSI)所制定的 OSI 七层模型(即每层是什么)。

6.4 习题参考答案

6.4.1 单项选择题答案

1. D	2. D	3. B	4. B	5. C
6. D	7. D	8. D	9. B	10. A
11. D	12. A	13. B	14. C	15. A
16. C	17. B	18. B	19. A	20. C
21. A	22. B	23. B	24. A	25. A
26. B	27. C	28. D	29. C	30. D
31. B	32. A	33. D	34. C	35. A
36. D	37. C	38. B	39. A	40. A

6.4.2 多项选择题答案

1. ABCF	2. ABDE	3. ABC	4. BDE	5. ABEF
6. BD	7. ABCD	8. ACF	9. ABCDE	10. ACFG

6.4.3 填空题答案

1. 资源共享	2. 教育科研网	3. 调制解调器
4. 网上邻居	5. 开放	6. 一一对应的
7. BBS	8. (6)、(1)、(2)、(7)、(5)、(3)、(4)	
9. 远程主机	10. 附件	

6.4.4 简答题答案

(答案略。)

6.5　上机实验练习

6.5.1　实验一 Internet 的接入

一、实验目的

掌握各种 Internet 的接入方式，熟悉个人入网常见的硬件配置与安装，以便在实际工作中酌情选用。

二、实验内容

1. 通过 Modem 以拨号方式连接并登录 Internet。
2. 通过局域网连接并登录 Internt。

三、实验过程

1. 通过 Modem 以拨号方式连接并登录 Internet

(1) 实验配置。

硬件：一个 Modem，一根电话线，一台 PC 机。

软件：Windows 9x/2000/NT/XP，Modem 驱动程序。

其他：Internet 服务运营商提供的账号及密码。

(2) 实验步骤

① 安装 Modem 驱动程序(以安装标准 56 000bps 调制解调器作为实例)

应先将 Modem 与 PC 机、电话线连接正确，保证在不影响语音电话使用的情况下，同时可以通过电话拨号上网，因考虑到这个过程专业性较强，并且向 ISP 申请服务时，服务商一般都会上门接好，以后大多不再需要重新连接，所以在这里对这一过程从略。

步骤 1：连接好 Modem 硬件后，第一次启动计算机时，系统会提示发现新硬件；或选择“控制面板”|“打印机和其他硬件”｜“电话和调制解调器选项”命令，在打开的对话框中，设置正确的电话区号及电话属性，并选择“调制解调器”选项卡，如图 6-1 所示。

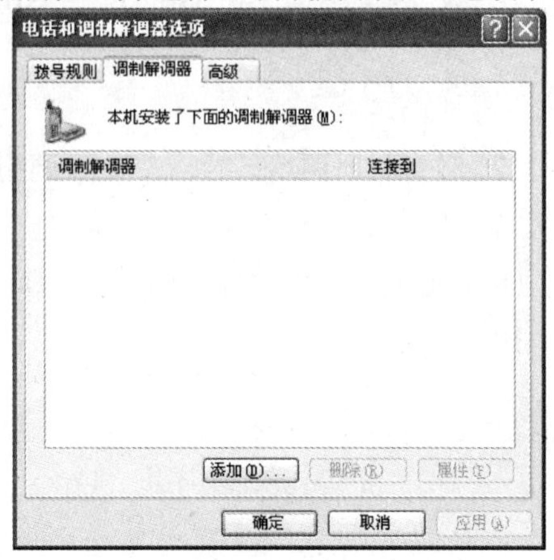

图 6-1　电话和调制解调器选项

步骤 2：选择“添加”按钮，打开如图 6-2 所示的对话框。

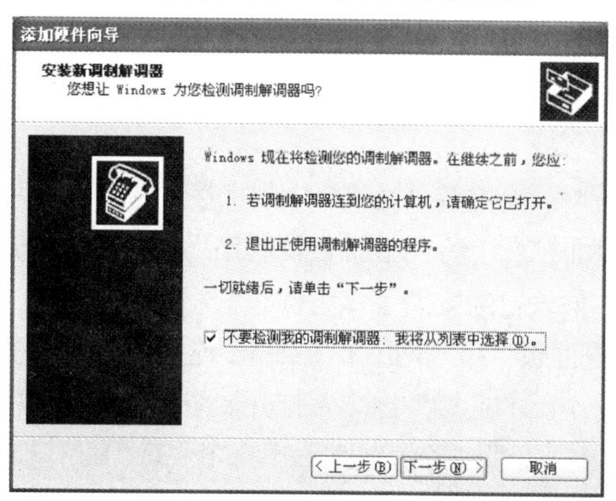

图 6-2　安装新的调制解调器——检测调制解调器

步骤 3：在图 6-2 中选中“不要检测我的调制解调器；我将从列表中选择”复选框，然后单击“下一步”按钮，打开如图 6-3 所示的对话框。

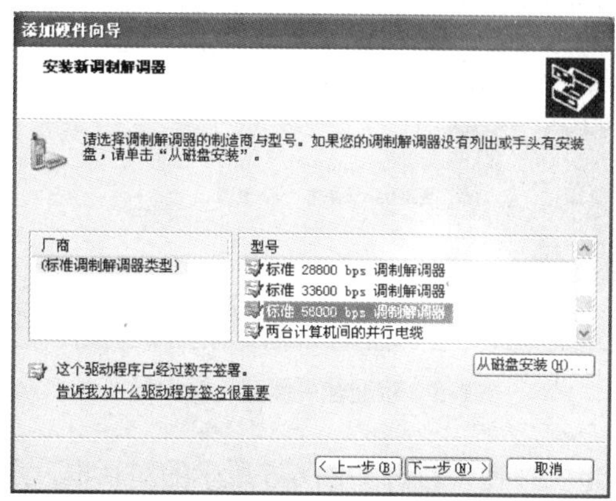

图 6-3　安装新的调制解调器——选择厂商与型号

步骤 4：在“厂商”一栏中选中“(标准调制解调器类型)”，在“型号”一栏中选中“标准 56000 bps 调制解调器”，如图 6-3 所示。如果没有列出调制解调器或手头有安装盘，单击“从磁盘安装”按钮；单击“下一步”按钮，打开如图 6-4 所示的对话框。

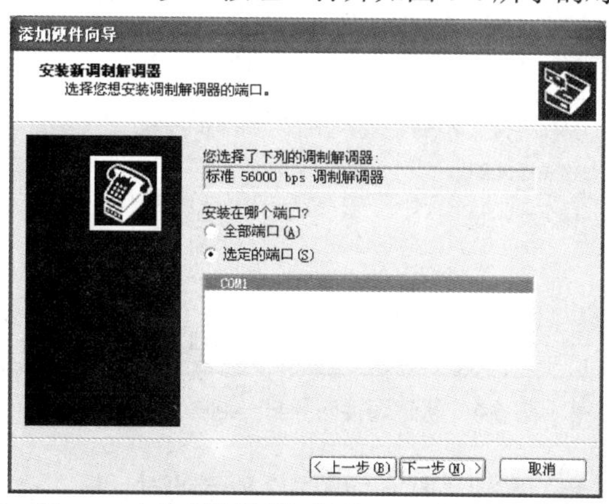

图 6-4　安装新的调制解调器——选择通信端口

步骤 5：选择调制解调器所使用的端口，本例选择“通讯端口(COM1)”(如果 COM1 用作其他用途，也可选用“通讯端口(COM2)”)，单击“下一步”按钮，在打开的对话框中选择“完成”按钮，安装结束。

② 创建新的连接

如果在安装操作系统时没有安装“通讯”中的“拨号网络”组件，应先将操作系统安装盘放入光驱，选择“控制面板”中的“添加/删除程序”中的“Windows 安装程序”选择卡，安装相应的组件。在此，假设已经安装了该组件。

步骤 1：选择 “控制面板” | “网络和 Internet 连接”命令，在打开的对话框中，选择“新的连接” | “创建一个新的连接”选项，打开如图 6-5 所示的对话框。

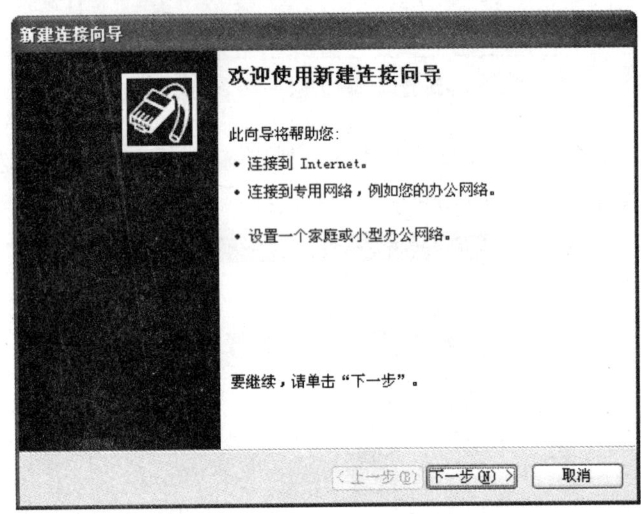

图 6-5　欢迎使用新建连接向导

步骤 2：选择“下一步”按钮，打开如图 6-6 所示的对话框，选择连接类型。

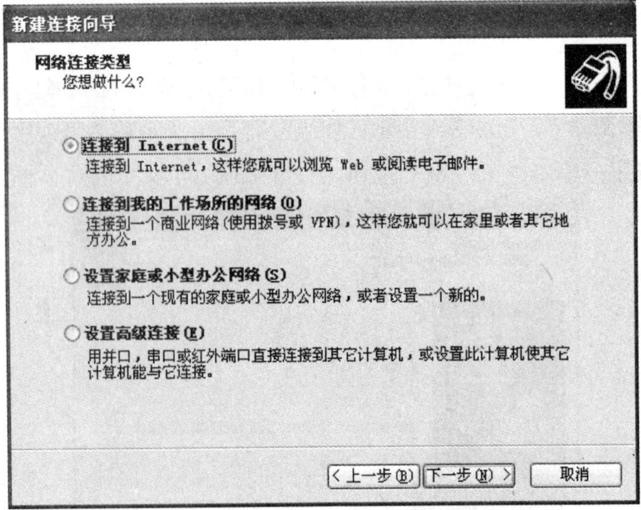

图 6-6　新建连接向导——选择连接类型

步骤 3：选择“下一步”按钮，打开如图 6-7 所示的对话框，选择连接 Internet 的方式。

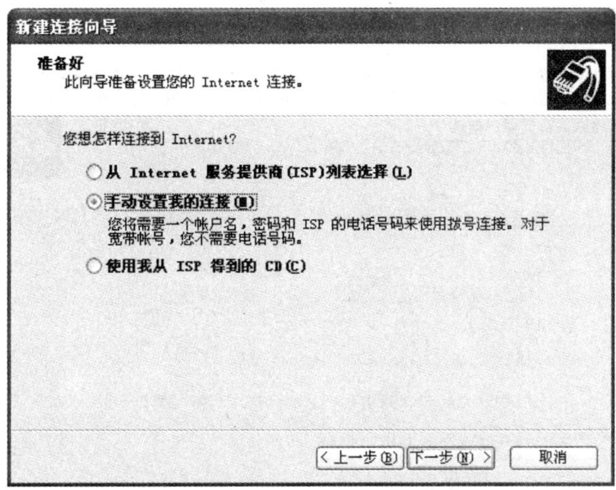

图 6-7　新建连接向导——选择连接方式(1)

步骤 4：选择“手动设置我的连接”选项，单击“下一步”按钮，打开如图 6-8 所示的对话框。

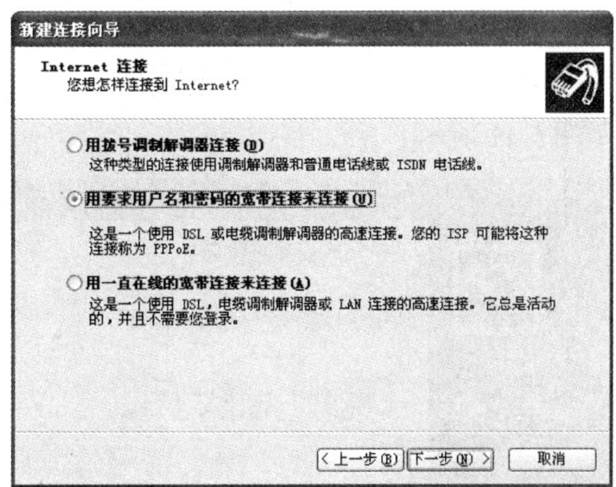

图 6-8　新建连接向导——选择连接方式(2)

步骤 5：可根据从 ISP 取得的实际接入方式选择电话拨号、xDLS 或 LAN，在此假设是 ADSL 接入方式，这也是现在最普遍的个人 Internet 接入方式，设置好后，单击“下一步”按钮，打开如图 6-9 所示的对话框。

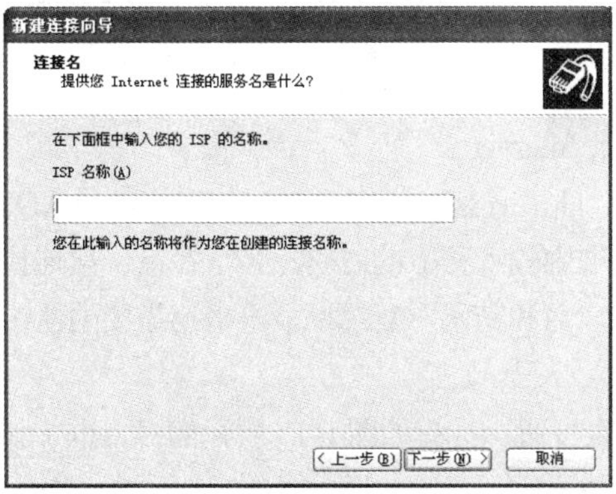

新建连接向导
连接名
提供您 Internet 连接的服务名是什么?
在下面框中输入您的 ISP 的名称。
ISP 名称(A)
您在此输入的名称将作为您在创建的连接名称。
< 上一步(B)
下一步(N) >
取消

图 6-9　新建连接向导——选择连接名称

步骤 6：输入合适的连接名称后，单击“下一步”按钮，打开如图 6-10 所示的对话框。

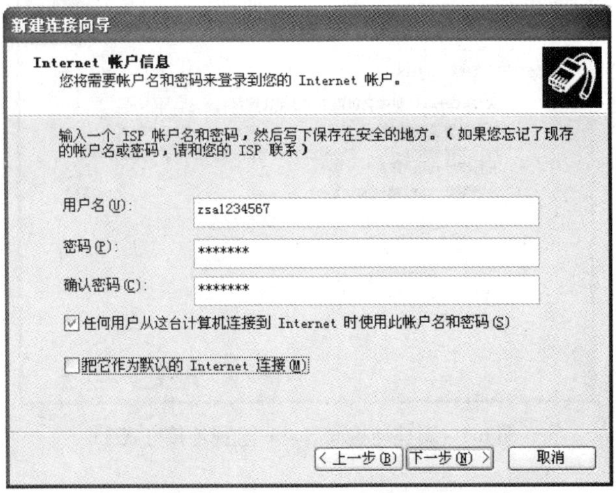

新建连接向导

Internet 帐户信息

您将需要帐户名和密码来登录到您的 Internet 帐户。

输入一个 ISP 帐户名和密码，然后写下保存在安全的地方。（如果您忘记了现存的帐户名或密码，请和您的 ISP 联系）

用户名(U)：zsa1234567

密码(P)：*******

确认密码(C)：*******

☑任何用户从这台计算机连接到 Internet 时使用此帐户名和密码(S)

☐把它作为默认的 Internet 连接(M)

< 上一步(B)　下一步(N) >　取消

图 6-10　新建连接向导——Internet 账户信息

步骤 7：填入正确的账户信息后，选择“下一步”按钮，查看信息无误后，单击“完成”按钮，即可成功创建新的连接，可选中“在我的桌面上添加一个到此连接的快捷方式”复选框，以方便日后连接，如图 6-11 所示。

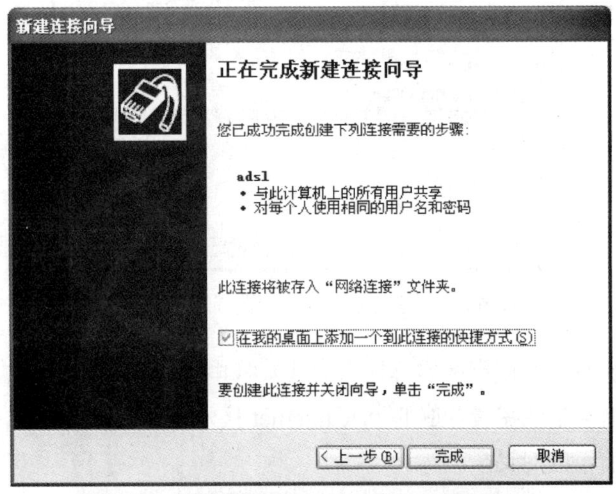

图 6-11　新建连接向导——完成

③ 使用新建连接登录 Internet

步骤 1：选择“开始”|“连接到”中已创建的连接，如 ADSL，打开如图 6-12 所示的对话框，在“密码”文本框中输入相应的密码。为了在下一次连接时不必重新输入密码，可选中“为下面用户保存用户名和密码”复选框，再根据需要的情况选择下面单选按钮中的一个，建议不选中该项。

步骤 2：单击“连接”按钮，打开如图 6-13 所示的对话框，如果设置正确，将在显示成功连接的信息后，接入 Internet。

图 6-12　“连接”对话框

图 6-13　“正在连接”对话框

2. 通过局域网连接并登录 Internet

如果计算机正与某个局域网相连，而局域网的服务器已经连接到 Internet，则也可以通过登录局域网的服务器的方式接入 Internet，这也是单位用户连接到 Internet 的主要形式。

(1) 实验配置

硬件：已连入 Internet 的一台服务器，网络适配器，集线器，网络终端，网线若干。

软件：Windows 9x/2000/NT/XP，网卡驱动程序。

其他：服务器 IP 地址及 DNS，终端 IP 地址。

(2) 实验步骤

步骤 1：在网络终端上装配网卡，并安装正确的驱动程序。

步骤 2：正确连接各网络硬件，确保相关协议已安装，如图 6-14 所示。

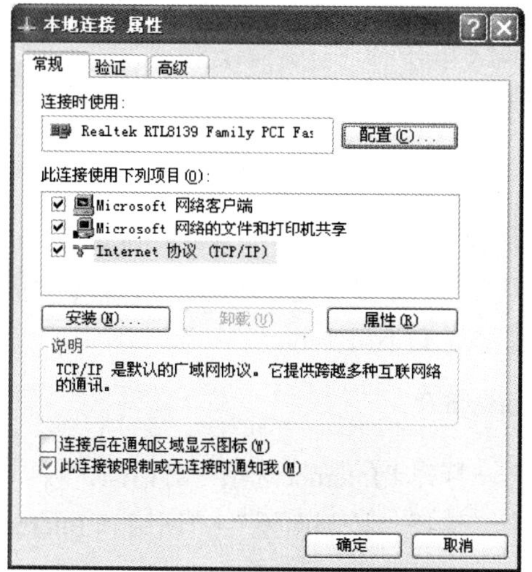

图 6-14　局域网连接属性

步骤 3：选择“Internet 协议(TCP/IP)”选项，并单击“属性”按钮，打开如图 6-15 所示的对话框。

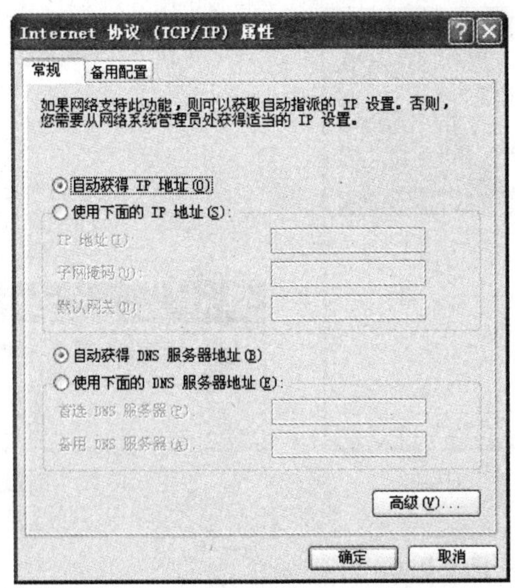

图 6-15　Internet 协议(TCP/IP)属性

步骤 4：根据所分配的 IP 地址，正确填入本地机 IP 地址及 DNS，或选择“自动获得 IP 地址”、“自动获得 DNS 服务器地址”，一切设置正确后，即可以通过该连接接入 Internet。

6.5.2　实验二 Internet Explorer 6.0 的使用及常见设置

一、实验目的

掌握使用 Internet Explorer 6.0 浏览网页，并熟悉其常用设置项的设置。

二、实验内容

1. 配置 Internet Explorer 6.0。
2. 使用 Internet Explorer 6.0 浏览网页。

三、实验过程

在正确设置 Internet 连接后，就可以使用 Windows 操作系统中默认的浏览器 Internet Explorer 来浏览网页了。但为了更好更方便地在网上冲浪，往往需要一些个性化的设置，所以对浏览器进行适当的配置也是必不可少的。

1. 配置 Internet Explorer 6.0

步骤 1：按以下方法之一打开“Internet 选项”对话框。

(1) 在“开始”菜单中，选择“控制面板”|“网络和 Internet 连接”|“Internet 选项”命令。

(2) 在打开的 Internet Explorer 6.0 的窗口中，选择“工具”|“Internet 选项”菜单项。

步骤 2：选择“常规”选项卡，在“地址”栏中设置每一次启动 Internet Explorer 6.0 时自动打开并浏览的主页的 URL，如 http://www.zjou.edu.cn，如图 6-16 所示。

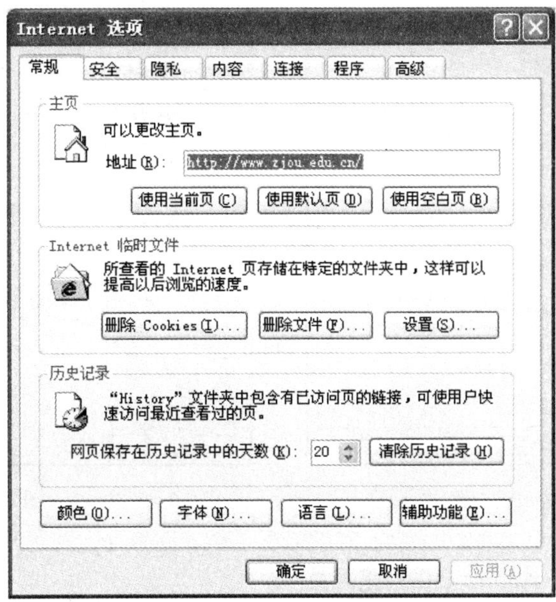

图 6-16　Internet 选项——“常规”选项卡

步骤 3：选择“连接”选择卡，打开如图 6-17 所示的对话框。如果是拨号上网，则在“拨号和虚拟专用网络设置”选项组中选择已经建立好的“拨号连接”，或选择“添加”按钮重新建立新的连接；如果通过局域网登录 Internet，则单击“局域网设置”按钮，可以继续局域网的设置程序。

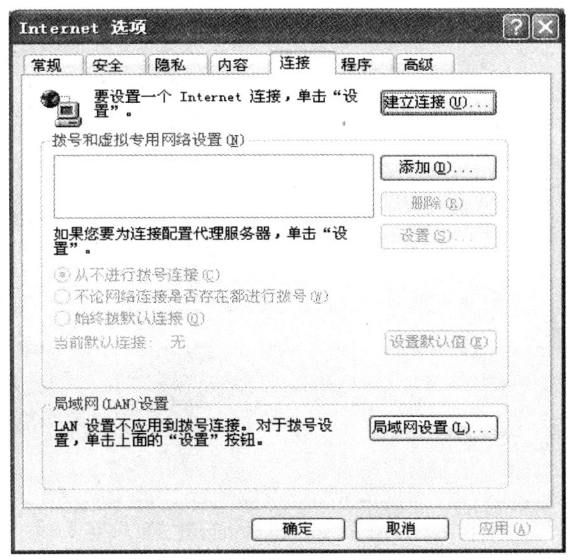

图 6-17　Internet 选项——“连接”选项卡

步骤 4：选择“程序”选项卡，打开如图 6-18 所示的对话框，其中可以对 HTML 编辑器、电子邮件等内容进行设置，一般保持默认值。

步骤 5：选择“高级”选项卡，打开如图 6-19 所示的对话框，在这里可以对浏览器进行个性化的设置，图 6-19 中是一些常见设置。

图 6-18　Internet 选项——“程序”选项卡

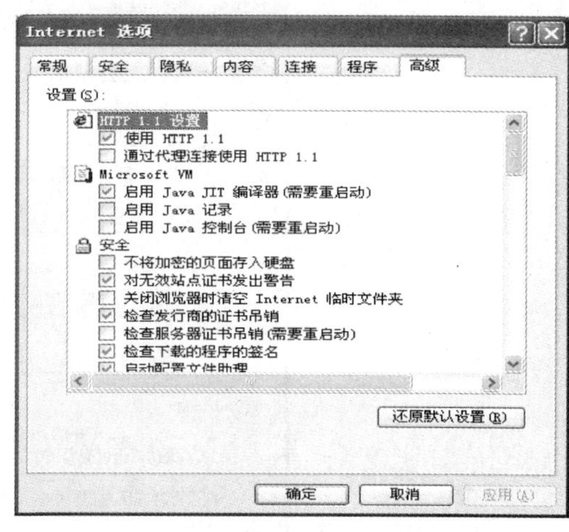

图 6-19　Internet 选项——“高级”选项卡

2. 使用 Internet Explorer 6.0 浏览网页

在进行了网络拨号或局域网的登录后，就可以使用安装及配置好的浏览器 Internet Explorer 6.0 进行网上浏览了，具体步骤如下。

步骤 1：当本机已经连接到因特网的情况下，双击桌面上的 Internet Explorer 图标，即打开 Internet Explorer 默认网页，如图 6-20 所示。

图 6-20　使用 Internet Explorer 浏览默认网页

步骤 2：对于主页中有超级链接的地方，将鼠标移至相应位置，指针开关会变成手形，此时，单击鼠标左键，即可转向相应的网页。

步骤 3：如用户想浏览某一 Web 页，可直接在“地址”栏中输入目的主页的 URL，如 www.sina.com，输入完成后，按回车键或用鼠标单击地址栏右端的“转到”按钮，即可进入指定的网页浏览。

步骤 4：可以把正在浏览的网页，保存起来以便在脱机的情况下浏览该网页，这对于拨

号上网的用户尤其适用。可以选择“文件”|“另存为”菜单命令，在打开的“另存为”对话框中，可以对文件名、保存位置及保存的文件类等进行设置，然后单击“保存”按钮。

步骤 5：如果对网页的图片感兴趣，也可以将它保存下来。先将鼠标移至要保存的图片，右击，在打开的快捷菜单中，选择“图片另存为”菜单项，打开“另存为”对话框，其后的操作方式同步骤 4。

步骤 6：当用户在浏览的过程碰上自己喜爱的主页，也可以将它加入到收藏夹。以 www.hao123.com 为例，首先打开该网页，再选择“收藏”|“添加到收藏夹”菜单项，弹出如图 6-21 所示的对话框，选择好网址的保存地址，并在“名称”文本框中输入自己认为合适的一个名字，如“网址之家”，单击“确定”按钮，当前网页即添加到收藏夹。此后，如果要再次访问该网页时，就可以直接通过单击“开始”|“收藏夹”命令，选择相应的“网址之家”选项来实现对该网页的浏览，如果添加时选中了“允许脱机使用”复选框，则可以在未接入 Internet 的情况下浏览收藏的网页。

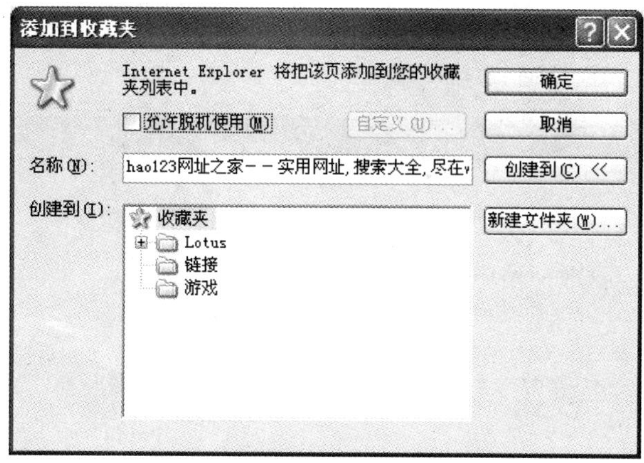

图 6-21　把喜爱的网页添加到收藏夹

6.5.3　实验三　电子邮件的发送与接收

一、实验目的

1. 掌握电子邮箱的申请方法。
2. 掌握在 Outlook Express 设置电子邮件帐号。
3. 掌握在通讯簿中创建新联系人。
4. 掌握 Outlook Express 收发邮件。

二、实验内容

1. 申请电子邮箱。
2. 设置在 Outlook Express 中的电子邮件帐号。
3. 在通讯簿中创建新联系人。
4. 使用 Outlook Express 发送电子邮件。
5. 使用 Outlook Express 接收及查看电子邮件。

三、实验过程

1. 申请一个免费电子邮箱

说明：在网上拥有一个免费的电子邮箱对大多数人来说都是现实的，尽管免费邮箱会有各种限制，但如无特殊要求，免费邮箱已经够用。下面以在“hotmail 邮局”申请一个邮箱为例，介绍免费邮箱的申请过程。

步骤 1：打开 Internet Explorer，在地址栏中输入“www. hotmail. com”，进入相应的主页，如图 6-22 所示。

步骤 2：单击“注册 | 立即注册”按钮，打开“帐户注册”网页，根据网页提示填充一些必要的用户资料，如图 6-23 所示。

步骤 3：单击“我接受”按钮，在经过系统的检验无误后，系统会给出相应的提示，即表示申请邮箱成功，如图 6-24 所示。

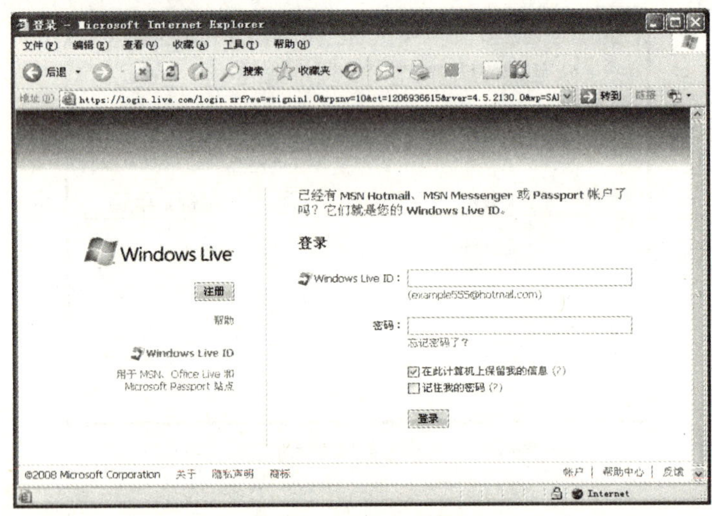

图 6-22　进入邮箱服务器主页

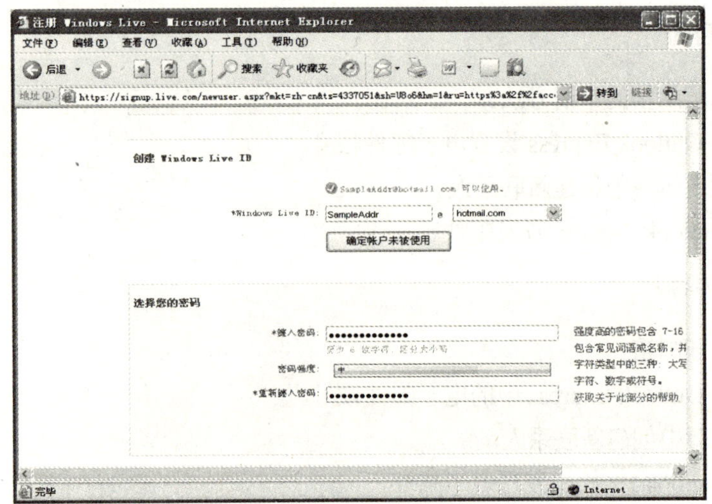

图 6-23　帐户注册

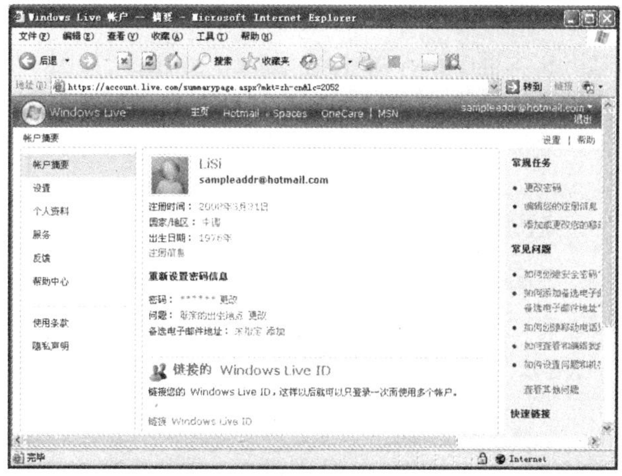

图 6-24　帐户注册成功

2. 在 Outlook Express 中设置电子邮件帐号

Outlook 是邮件和个人信息管理器，将所有常用的通知、计划、安排、组织，以及管理工具都集成在一个简单而又灵活的系统中，而建立属于自己的电子邮件帐号往往是所有这些工作的基础，下面以建立一个帐号名为 xxxyoffice 的帐号为例讲述如何设置一个电子邮件帐号。

步骤 1：选择“开始”｜“所有程序”｜Outlook Express 命令，启动 Outlook Express，如图 6-25 所示。

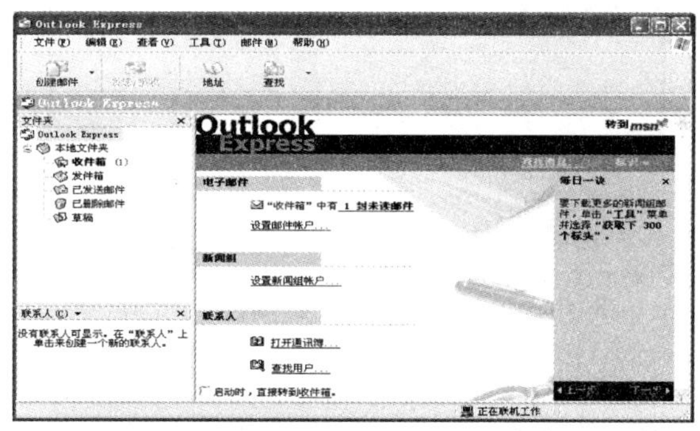

图 6-25　启动 Outlook Express

步骤 2：选择“工具”｜“帐户”命令，并选择打开“邮件”选项卡，即如图 6-26 所示。

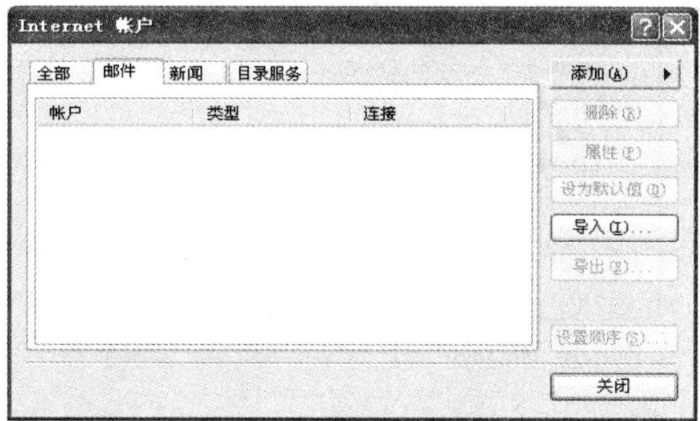

图 6-26　Internet 帐号

步骤 3：如果要添加一个新的帐号，选择单击“添加”按钮，在弹出的菜单中选择“邮件”命令，在“显示名”文本框中输入帐号名，如 xxxyoffice，如图 6-27 所示。

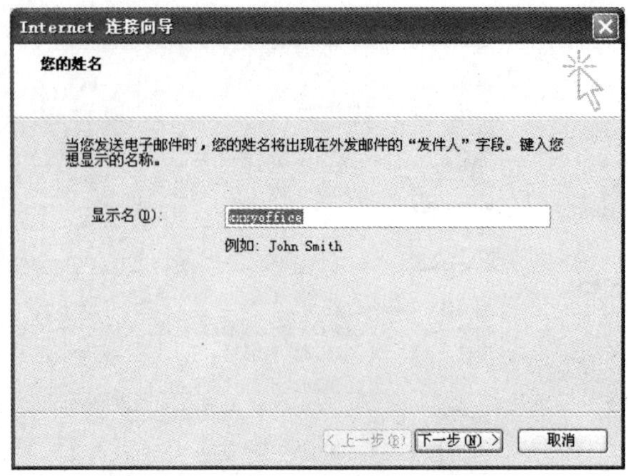

图 6-27　Internet 连接向导——输入姓名

步骤 4：单击“下一步”按钮，在打开的对话框中输入相应的电子邮件地址，如图 6-28 所示。

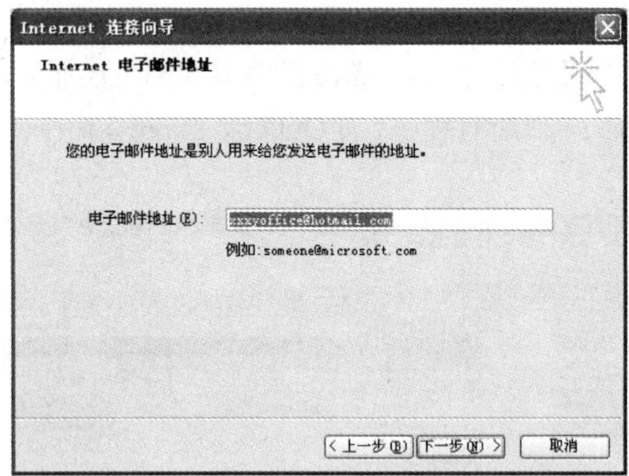

图 6-28　Internet 连接向导——Internet 电子邮件地址

步骤 5：单击“下一步”按钮，设置电子邮件服务器，如图 6-29 所示。

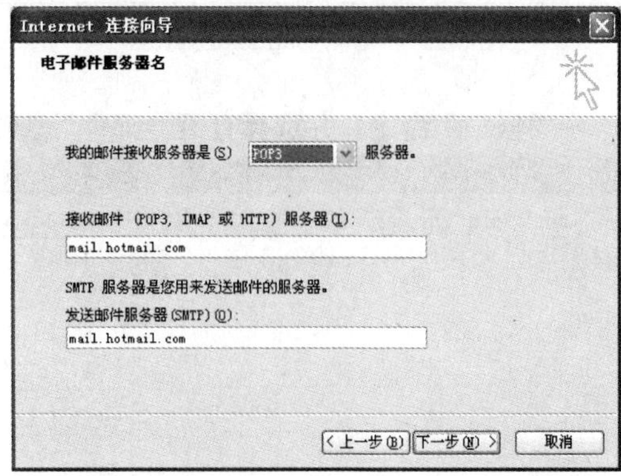

图 6-29　Internet 连接向导——电子邮件服务器

步骤 6：单击“下一步”按钮，在打开的对话框中，输入相应的账号名及密码，如果希望在以后登录时不必再键入密码，可选中“记住密码”复选框，为确保安全，建议不选中该项，如图 6-30 所示。

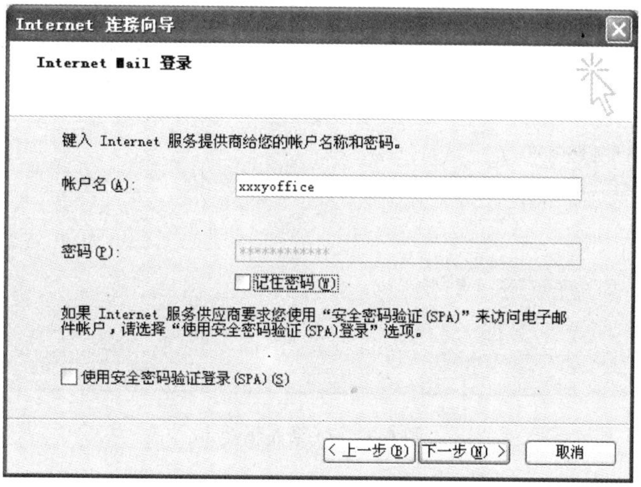

Internet 连接向导
Internet Mail 登录
键入 Internet 服务提供商给您的帐户名称和密码。
帐户名(A):
xxxyoffice
密码(P):
记住密码(W)
如果 Internet 服务供应商要求您使用“安全密码验证(SPA)”来访问电子邮件帐户，请选择“使用安全密码验证(SPA)登录”选项。
使用安全密码验证登录(SPA)(S)
< 上一步(B)
下一步(N) >
取消

图 6-30　Internet 连接向导——Internet Mail 登录

步骤 7：单击“下一步”按钮，出现如图 6-31 所示的对话框，表明已经成功设置了账号，保存设置，单击“完成”按钮即可。

Internet 连接向导
祝贺您
您已成功地输入了设置帐户所需的所有信息。
要保存这些设置，单击“完成”。
< 上一步(B)
完成
取消

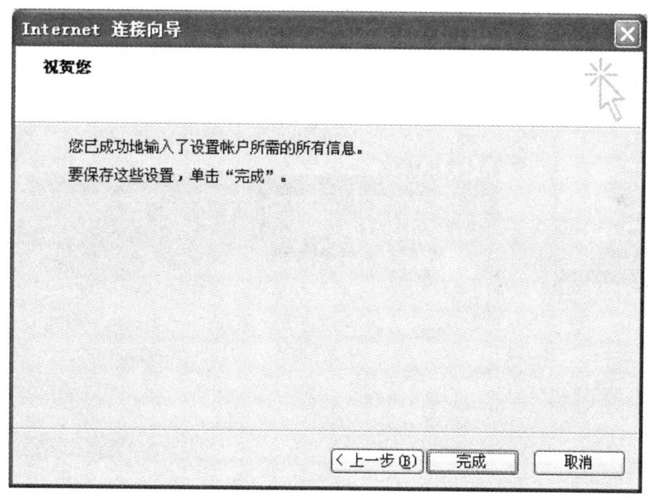

图 6-31　Internet 连接向导——完成

3. 在通讯簿中创建新联系人

步骤 1：在 Outlook Express 主窗口中，选择“文件”|“新建”|“联系人”菜单命令，打开如图 6-32 所示的窗口。

步骤 2：在“姓名”选项卡中，填写姓名、电子邮件等信息。

步骤 3：如果需要，可以在其他选项卡(如家庭、业务、个人等)输入必要的信息。

步骤 4：信息输入完毕时，单击“确定”按钮。

步骤 5：单击“保存并关闭”工具按钮。

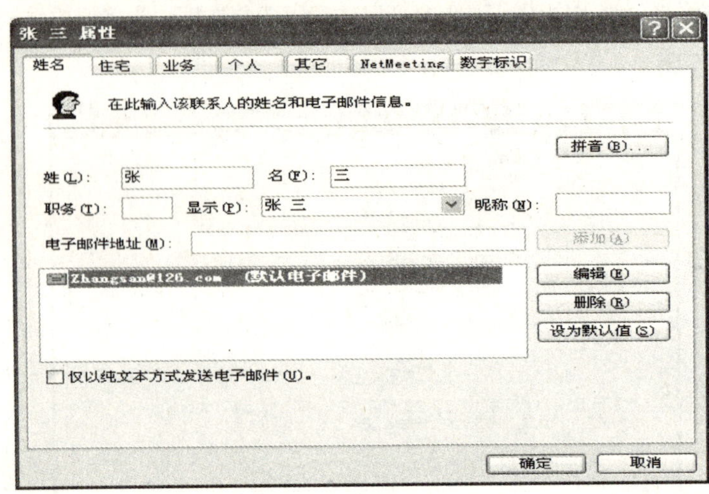

图 6-32　联系人属性

4. 使用 Outlook Express 发送电子邮件

步骤 1：在 Outlook Express 主窗口中，单击“新邮件”下拉箭头，打开如图 6-33 所示的下拉菜单，从中选择一种信纸，如无特殊要求，通常选择“无信纸”，打开如图 6-34 所示的对话框。

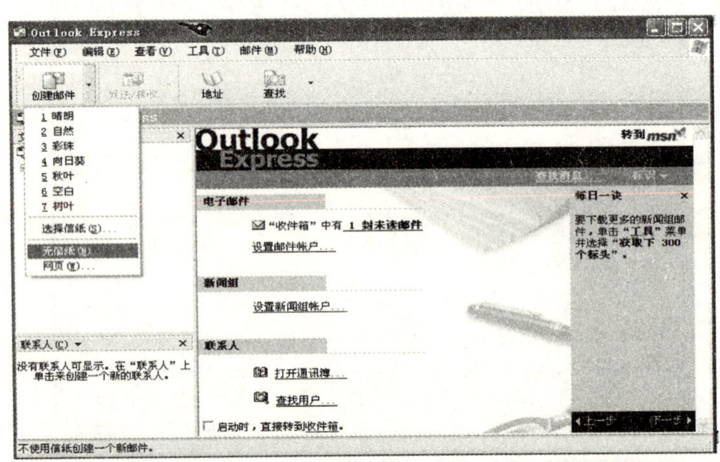

图 6-33　选择信纸

步骤 2：在“收件人”栏中，键入电子邮件地址(使用分号，分隔两个或多个联系人)。

步骤 3：如有必要，可以在“抄送人”一栏中，输入其他收件人的电子邮件地址。

步骤 4：在“主题”一栏中，输入所发邮件的主题词。

步骤 5：输入邮件正文。

步骤 6：如果要发送附件，选择“插入” | “文件附件”菜单命令，此后根据对话框提示操作即可。

步骤 7：单击“发送”按钮。

图 6-34　建立邮件并发送

5. 使用 Outlook Express 接收并查看电子邮件

步骤 1：单击“发送/接收”下拉箭头，从中选择“接收所有邮件”选项，Outlook 将把邮箱中所有邮件导入收件箱中，如图 6-35 所示。

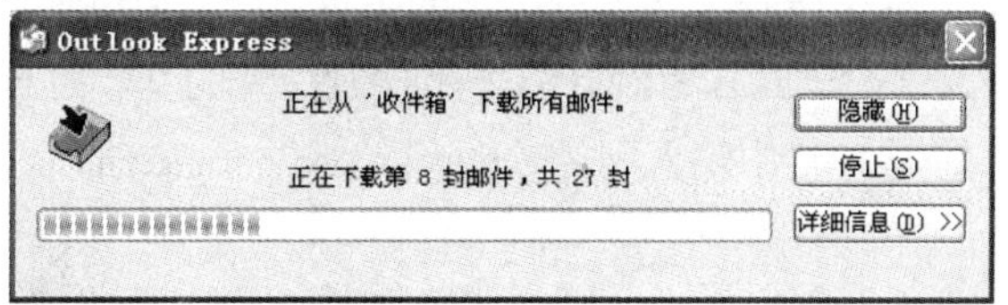

图 6-35　接收邮件

步骤 2：在 Outlook 主窗口中，单击“收件箱”，显示其中的所有邮件。

步骤 3：在窗口右上部分中选择想读的邮件，则在窗口右下部分显示所选邮件的内容。

步骤 4：如果有附件，可以通过双击该邮件名，进入邮件编辑窗口，然后在邮件窗口的底部双击附件图标即可，如图 6-36 所示。

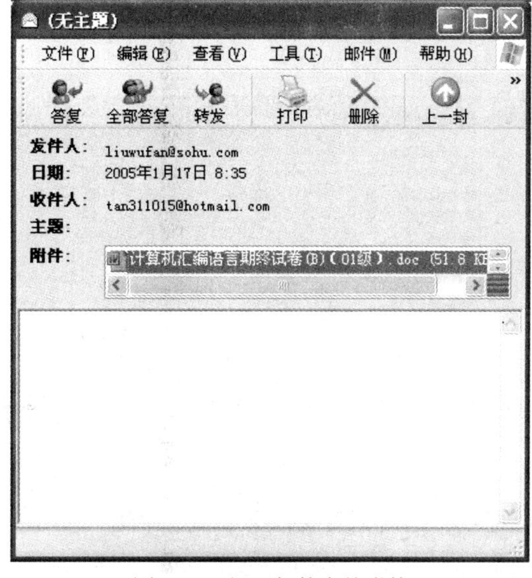

图 6-36　打开邮件中的附件

6.5.4　实验四 搜索引擎的使用

一、实验目的

1. 掌握搜索引擎的基本使用方法。
2. 了解常见搜索引擎。

二、实验内容

1. 搜索引擎的基本使用步骤。
2. 常见搜索引擎。

三、实验过程

1. 搜索引擎的基本使用步骤

Internet 的信息量极大，若要从庞大而繁复的信息中找到感兴趣的内容，是一件极复杂而又颇费精力的事情，借助于搜索引擎查找信息是最常见的一种方式。

一般而言，常用的搜索引擎是一些大型网站的主页，用户可以通过输入关键词来查询自己感兴趣的信息，下面以 GOOGLE 为例介绍使用搜索引擎的基本过程。

步骤 1：启动 IE，在地址栏中输入网址“http://www.google.cn”，打开如图 6-37 所示的网页。

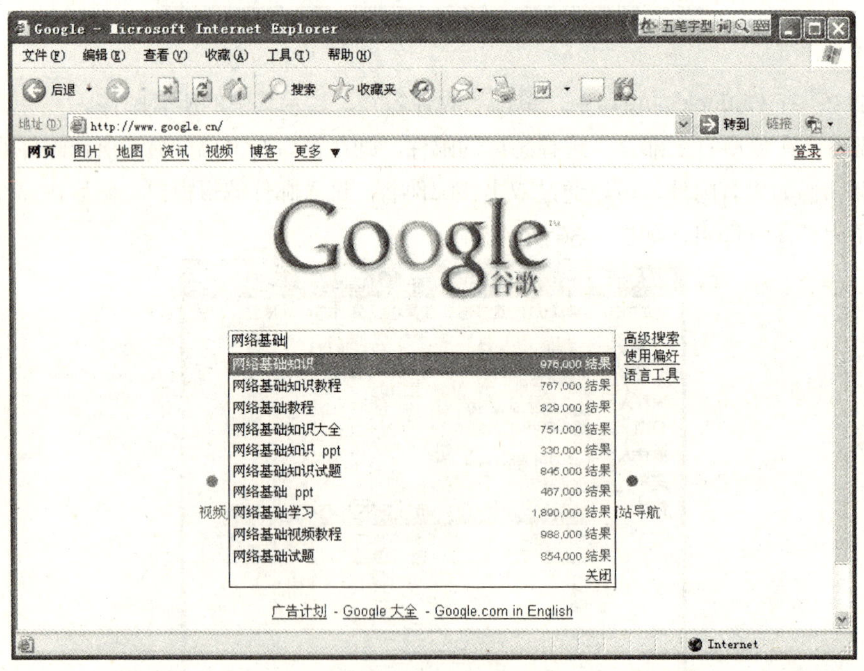

图 6-37　搜索引擎主页

步骤 2：在“Google 搜索”按钮上方的一个编辑框中填入需要搜索的关键词，如：“网络基础”，单击“Google 搜索”按钮，则进行网上搜索，搜索结果如图 6-38 所示。

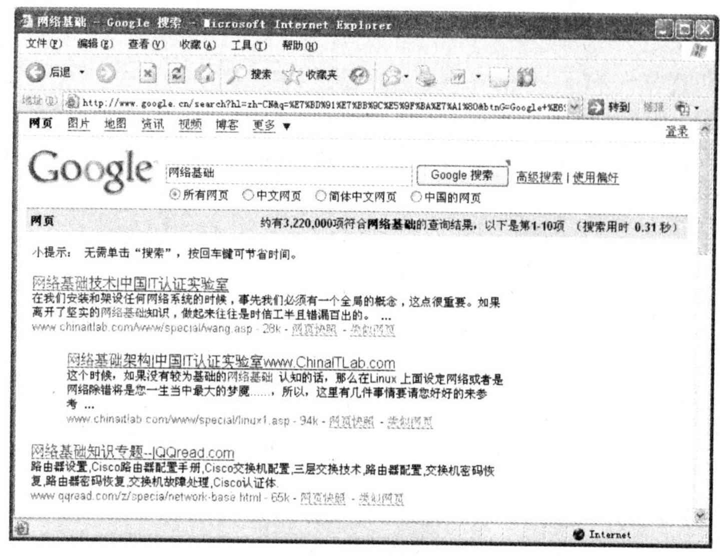

图 6-38　搜索结果

步骤 3：为加快搜索进程，可以对搜索的网站加以限制，如“搜索所有中文网页”、“搜索简体中文网页”，不同的搜索引擎提供的限制不尽相同。

步骤 4：在搜索到的结果中选择某一个网站名即可链接到该网站。

2. 常见简体中文搜索引擎网址

中文 YAHOO	http://cn.yahoo.com
中文新浪网	http://www.sina.com.cn
百度搜索	http://www.baidu.com

6.5.5　实验五　文件的下载

一、实验目的

1. 掌握 Internet 中各类文件的下载方法。
2. 熟悉对下载对象的常见处理。

二、实验内容

1. Internet 中普通文件的下载。
2. 网页中各种对象的下载。

三、实验过程

1. Internet 中普通文件的下载

Internet 作为一个巨大的信息库，其中绝大部分资源都是以文件的形式保存在网络中各类服务器中，以供需要这些资源的网络使用人员从中选择下载，下面以 MP3 播放器的下载为例讲解文件下载的一般过程。

步骤 1：运行 IE，输入相应的网址，打开要下载文件所在的网页(也可以通过搜索引擎进行搜索)，如 http://www.skycn.com ，搜索 Winamp，在搜索到的结果中，选择其中一个并单击，在打开的窗口中，选择一个下载地址并单击，弹出如图 6-39 所示的对话框。

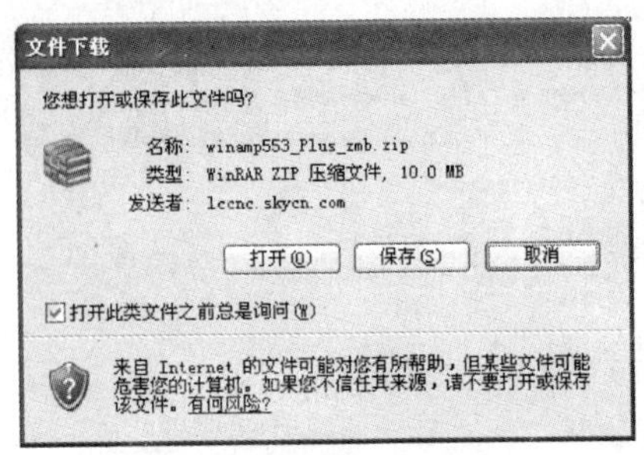

图 6-39　“文件下载”对话框

步骤 2：选择“保存”按钮，弹出如图 6-40 所示的对话框。

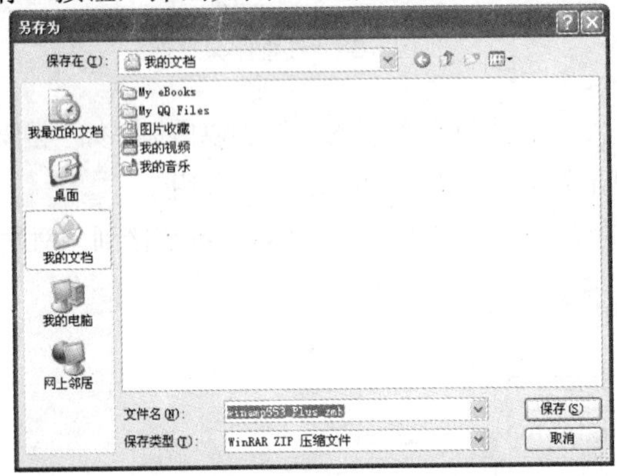

图 6-40　“另存为”对话框

步骤 3：按实际情况设置“另存为”对话框中各选项，单击“保存”按钮，则开始下载，如图 6-41 所示。

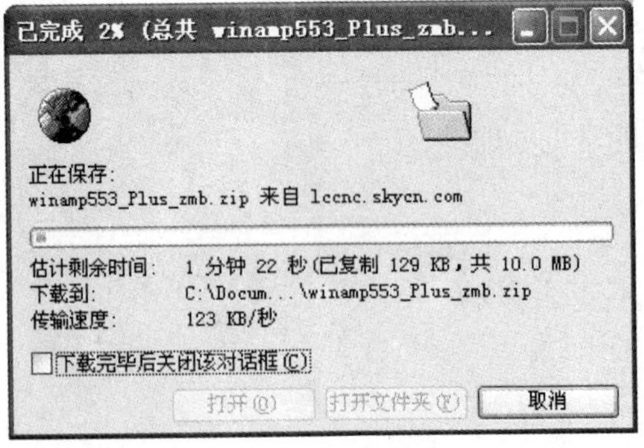

图 6-41　文件下载状态

2. 网页中各种对象的下载

浏览网页时经常会碰到符合自己心意的网页或图片，可以使用下面的方法保存起来，以备需要时选用。

(1) 保存 Web 页

步骤 1：打开感兴趣的网页，如 http://www.yuloo.com/jsjks/jsj-djks/2003-09/1064192819.html。

步骤 2：选择“文件”|“另存为”菜单命令，弹出如图 6-42 所示的对话框。

图 6-42　保存 Web 页

步骤 3：设置好对话框中各项目，单击“保存”按钮即可。

(2) 保存网页中的图片

步骤 1：在打开的网页中，让鼠标光标停在要保存的图片之上，并右击，打开如图 6-43 所示的快捷菜单。

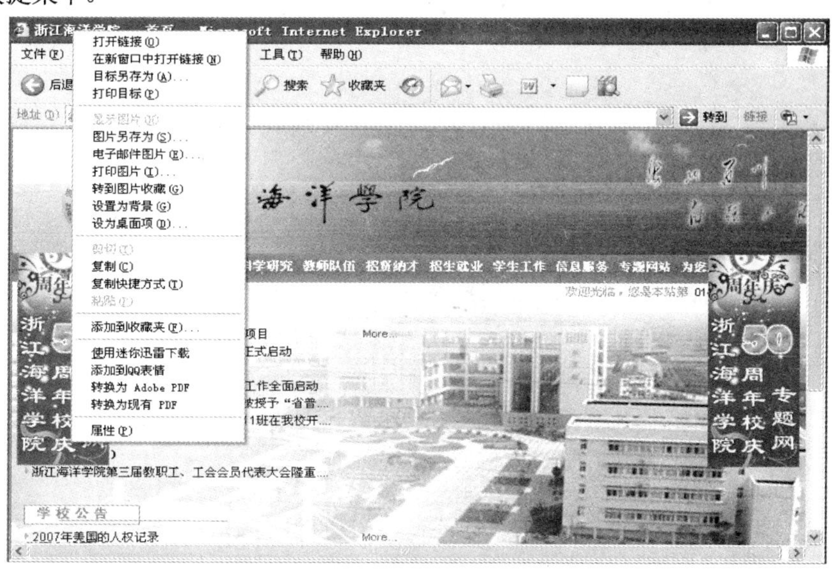

图 6-43　图片快捷菜单

步骤 2：选择“图片另存为”选项，打开如图 6-44 所示的对话框。

步骤 3：设置对话框中各项，并单击“保存”按钮即可。

保存图片
保存在(I):
图片收藏
我最近的文档
桌面
我的文档
我的电脑
网上邻居
文件名(N):
xiao qin
保存类型(T):
JPEG (*.jpg)
保存(S)
取消

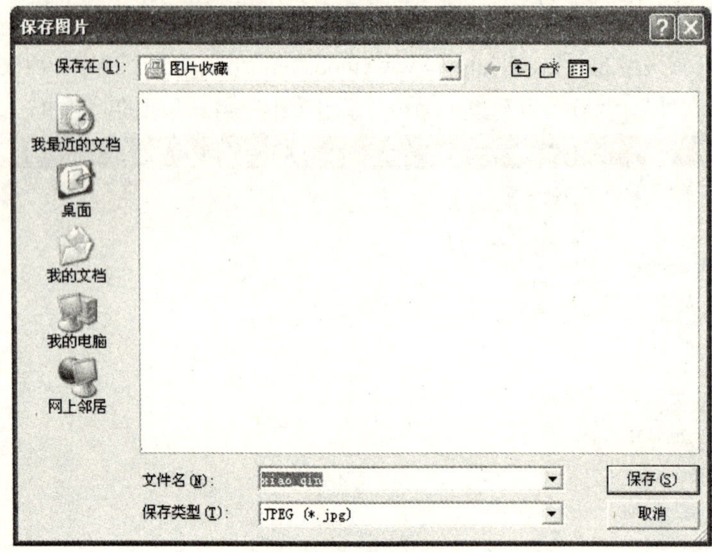

图 6-44　保存图片

第7章　网页制作软件介绍

7.1　基本知识点

1. 网页制作的基本概念

(1) 浏览器：用于搜索、查找、查看和管理网络上信息的一种带有图形交互界面的应用软件，比较常见的如 Microsoft(微软)公司的 Internet Explorer、Netscape(网景)公司的 Navigator 及 360 安全浏览器等。

(2) 网页与主页：网页包含文本、图形、超链接以及其他信息元素的文件，通过 Internet 传输，用户可使用浏览器进行浏览。主页也称为首页，某站点的起始网页，包含必要的内容和索引信息。

(3) 网站：一个包括多个由超链接连在一起的网页的集合，也称为站点。

(4) 超链接：通常使用一个以文字、图形等为关键字，与其他网页建立关联，用户可选择这些关键字，实现跳转到链接的目标网页。

(5) HTML (Hyper Text Markup Language)：是超文本标记语言，同所有的编程语言一样，HTML 语言也有一套自己的符号和语法约定，但它又不同于一般的编程语言，它只是一些可以由浏览器加以解释，并具有命令标记性质的文本。

(6) DHTML：动态超文本标记语言，是对 HTML 的改进，可以在网页中实现漂亮的动态效果。

(7) 静态网页：网页里没有程序代码，运行于客户端的程序、网页、插件和组件等，网络中通常以. htm 或.html 为后缀名的文件。

(8) 动态网页：网页内含有程序代码，运行于服务器端的程序、网页和组件等，它们会随不同客户、不同时间、不同需求，返回不同的网页，在网络中通常以.asp 、.php、 .jsp 等为后缀名的文件。

2. 网页编辑技术

(1) 设置文本格式

① FrontPage：选定要重新设置格式的文字范围， 使用格式工具栏实现大部分文本格式操作，或通过选择“格式” | “字体”菜单项设置文本格式。

② Dreamweaver：通过其窗口下方的文本属性面板，或通过选择“文本”菜单的下拉菜单设置文本格式。

(2) 设置段落格式

① FrontPage：选定或把光标置于要重新设置其段落格式的段落，选择“格式”｜“段落”菜单项进行段落设置。

② Dreamweaver：通过其窗口下方的文本属性面板进行段落的设置，或通过选择“文本”菜单的下拉菜单设置段落格式。

(3) 插入图片：插入的图片可以是本地计算机中的图片，也可以是来源某个 Web 网站。而同是本地计算机中的图片，可以以文件形式存放在本地磁盘中，也可以是剪贴画。

① FrontPage：首先要确定插入图片位置，然后选择菜单“插入”|“图片”|“来自文件”命令，弹出“图片”对话框，选择要插入的文件。

② Dreamweaver：选择“插入”|“图像”菜单命令，在弹出的“选择图像源文件”对话框中设置要插入的图像文件的路径和文件名。

(4) 设置图片格式

① FrontPage：选定欲设置其格式的图片并右击，在打开的快捷菜单中选择“图片属性”命令，在打开的对话框进行相应的设置即可。

② Dreamweaver：选定图片，就会在窗口下方出现图像属性面板，用户可以在此面板中对图像进行格式设置。

3. 表格操作

(1) 插入表格

① FrontPage：可通过菜单、工具栏或手工绘制实现表格插入。

② Dreamweaver：选择“插入”|“表格”菜单命令，出现“表格”对话框，在“表格”对话框中设置参数，然后单击“确定”按钮。

(2) 设置表格属性

① FrontPage：在表格区域内右击，在打开的快捷菜单中选择“表格属性”命令，在随后打开的对话框中进行相应的设置即可。

② Dreamweaver：选中表格，在窗口的下方显示了表格的属性面板，在此面板中可以用来调整表格的各种属性。

(3) 单元格操作

① FrontPage：包括单元格属性设置、单元格的拆分与合并、单元格的插入与删除。

② Dreamweaver：选择要修改的行、列或单元格并右击，在弹出的快捷菜单中选择“表格”命令，在其级联菜单中选择相应的表格操作命令。

(4)表格管理

① FrontPage：表格的综合布局、表格复制及编排等。

② Dreamweaver：其提供的“布局”模式，可以像画画一样自由地设计网页的布局。选择“插入”工具栏组中的“布局”工具栏，单击其中的“布局”按钮，自动进入布局模式。

4. 表单操作

(1) 表单：表单用来收集站点访问者信息，实现网页浏览者的交互，达到收集浏览者输入信息的目的。

(2) 表单域：表单的组成元素，主要包括单行文本框、滚动文本框、下拉菜单、单选按钮、复选框及命令按钮等，在 Dreamweaver 中把表单域称为表单对象或表单元素。

(3) 表单的插入

① FrontPage：可以单独插入一个空表单，或插入表单域时创建表单，选择菜单“插入”|“表单”命令，在弹出的子菜单中选择相应的表单元素。

② Dreamweaver：将光标定位在要插入表单的位置，单击“表单”按钮，创建了表单。选中表单后，可以在窗口下方的属性面板中设置表单属性，

(4) 表单元素属性的设置

① FrontPage：选中表单元素并右击，在快捷菜单中选择“表单域属性”命令，在弹出的对话框中可以设置该表单元素的属性。

② Dreamweaver：选中表单对象，在窗口下方的属性面板设置该表单对象的各项属性。

5. 框架操作

(1) 框架：框架是一种特殊的 HTML 网页，可用来将浏览器窗口分割成不同的小窗口区域，独立显示若干 Web 网页。

(2) 创建框架网页

① FrontPage：选择“文件”|“新建”|“其他网页模板”命令，在打开的对话框中，选择“框架网页”选项卡，在随后列出的各框架样式中选择一种即可创建框架网页。

② Dreamweaver：选择“文件”|“新建”命令，打开“新建文档”对话框，在“类别”列表中选择“框架集”。

(3) 设置框架属性

① FrontPage：把选定要设置属性的框架，选择“框架”|“框架属性”命令，或从快捷菜单中选择“框架属性”命令，在随后打开的对话框中设置即可。

② Dreamweaver：选择“窗口”|“框架”菜单命令，打开“框架”面板，在框架面板中选择要改变的框架，使用窗口下方的框架的属性面板来改变框架的设置。

6. 超链接

(1) 设置文本或图像超链接

① FrontPage：选定要定义超链接的文本，选择“插入”|“超链接”命令，或从快捷菜单中选择“超链接”命令，在随后打开的对话框中选择一个文件，或在 URL 栏输入一个网址，即可实现。同样的方式也可以建立图像超链接。

② Dreamweaver：在网页中选择要添加超链接的图片或是文本，在属性面板上的“链接”文本框中输入要链接的网址全称或文件。

(2) 热点和热区：就是图像上的一块区域，当光标移至其上时，会变成手形光标。创建多个热点可以实现把图像分成多个区域，每个区域链接到不同的目标，即实现一幅图像建立多个超链接。

① FrontPage：选定要创建热点的图片，在“图片”工具栏中，单击其中一个热点按钮，

把鼠标定位在图片中某一点，拖动到合适位置，松开鼠标，则会弹出“插入超链接”对话框，选择或输入链接的目标地址，然后单击“确定”按钮。

② Dreamweaver：选中图像，在窗口下方的图像属性面板单击热区绘制工具，在相应的位置用鼠标拖动画出一块区域，在弹出的图像热区属性面板中的“链接”后的文本框中输入要链接的网址。

(3) 书签和锚点超链接

当单个网页的内容比较多时，用户要想从中找出感兴趣的部分，并非易事，建立书签和锚点就是为了实现此目的。

① FrontPage：先定义书签，选择创建书签的页面位置，选择菜单“插入”|“书签”命令，弹出“书签”对话框，在“书签”文本框中输入书签名称，然后单击“确定”按钮。定义完书签后，在“插入超链接”对话框中单击“本文档中的位置”按钮，选定后单击“确定”按钮。

② Dreamweaver：先添加锚点，把光标置于想要设置锚记的地方，选择“插入”|“命名锚记”菜单命令，在“命名锚记”对话框输入锚记的名称。然后是锚记链接，选中欲进行锚记链接的文字，在“属性”面板的“链接”文本框中输入锚记链接地址。

7. FrontPage 制作动态效果

(1) 动态元素组件：在网页中适当添加一些动态元素，可以使得网页有更好的吸引力。在 FrontPage 2003 中的动态组件主要包括动态字幕、悬停按钮、动态横幅广告、视频动画及站点计数器等。

(2) 动态效果：主要包括文本动态效果和图片动态效果两种。

(3) 网页过渡效果：相邻的网页之间的替换过渡方式。

8. Dreamweaver 层、行为和时间轴

(1) 层是网站设计中应用最为广泛的工具之一，设计者可以随意在层中插入文字、图像以及其他层。

(2) 行为是实现网页上交互的一种捷径，Dreamweaver 8.0 行为将 JavaScript 代码放置在文档中以允许访问者与 Web 页进行交互，从而以多种方式更改页或引起某些任务的执行。行为是事件和由该事件触发的动作的组合

(3) 时间轴是一条贯穿时间的轴，可以显示层与图像随时间而变化的属性，通过在不同的时间改变层的位置、大小、可见性和叠放次序来创建动画。

Dreamweaver 8.0 中的层、时间轴与行为事件相结合，可以制作动态或互动效果

7.2　重点与难点

1. 重点

(1) 网络站点、网页与超级链接的基本概念。

(2) 设置文本的格式、设置段落格式及编号。
(3) 在网页中使用图片及设置图片格式。
(4) 插入表格及设置表格及单元属性，单元格的插入与删除。

2. 难点

(1) 在网页中使用表单。插入表单或表单域，设置表单及表单域的属性。
(2) 使用框架网页。插入框架，设置框架属性。
(3) 文本超链接的使用，图像超链接的使用，书签和锚记链接的使用，设置并使用热点。
(4) 使用动态网页。设置滚动字幕，设置动态效果，设置页面过渡效果。
(5) 层、行为和时间轴的使用。
(6) 使用表格，框架和层进行页面布局设计。

7.3 习　　题

7.3.1 单项选择题

1. FrontPage 2003 中，若要使制作的表格看不到边框，可将_______调整为 0。
   A. 单元格的边距　　B. 单元格的间距
   C. 宽度与高度　　D. 边框的粗细
2. 在一个较长的网页中单击了_______后可以直接跳转到相应位置。
   A. 超链接　　B. 书签
   C. 站点　　D. 网页
3. FrontPage 2003 里新建的站点_______。
   A. 保存在网站上　　B. 保存在网页里
   C. 保存在制作网站的计算机上　　D. 保存在网络中
4. 网页中的表单经常用于与浏览者进行交互，在各表单域中，常用来接受互斥项信息(如性别)的输入的表单域是_______。
   A. 复选框　　B. 单行文本框
   C. 命令按钮　　D. 单选按钮
5. 从网络站点中插入图像文件时，在“图片”对话框中，除可以直接在 URL 栏中输入网络站点位置外，还可以通过单击_______图标转去浏览器选择网页文件。
   A.　　B.　　C.　　D.
6. HTML 代码中，<align=center>表示________ 。
   A. 文本加注下标线　　B. 文本加注上标线
   C. 文本闪烁　　D. 文本或图片居中
7. “动作”是 Dreamweaver 预先编写好的_______脚本程序，通过在网页中执行这段代码就可完成相应的任务。
   A. VBScript　　B. JavaScript　　C. C++　　D. JSP

8. 将链接的目标文件载入该链接所在的同一框架或窗口中，链接的“目标”属性应设置成________。

A. _blank B. _parent C. _self D. _top

9. 实现翻转图像应选两幅_______的图片。

A. 相差三倍 B. 相差二倍 C. 相差一倍 D. 大小一样

10. 在 Dreamweaver 中文本的输入可以手工输入，也可以将别的文档中的文本复制到 Dreamweaver 编辑的网页中，还可以________。

A. 导入.html、.txt 文件 B. 导出.html、.txt 文件

C. 查找 D. 修改

11. 用下列的_____快捷键可以调出 Dreamweaver 的查找与替换对话框。

A. Ctrl+F B. Ctrl+L C. Alt+F D.Alt+L

12. 如果要使图像在缩放时不失真，在图像显示原始大小时，按下____键，拖动图像右下方的控制点，可以按比例调整图像大小。

A. Ctrl B. Shift C. Alt D. Shift+L

13. 下面不能在文字属性面板中设置的是__________。

A.文字的格式 B. 热点 C. 对齐方式 D. 超链接

14. 对插入文件中的 Flash 动画，不能在属性面板中设置动画的______属性。

A. 动画是否循环播放 B. 动画循环播放的次数

C. 动画播放时的品质 D. 是否自动播放动画

15. 关于框架下列说法正确的是______。

A. 框架一经建立就不能修改 B. 框架的内容可以修改，但大小不能修改

C. 框架可以通过模板建立 D. 凡是有框架的网页必定有表格

16. 该图形变为另一图形，那么可以通过_____方法来设置。

A. 使用时间线 B. “鼠标经过图像”命令

C. 将图形插入到表格中 D. 使用 AP Div 元素与行为

17. 打开窗口后，如果没有出现属性面板，可执行_____菜单中的“属性”命令将其打开。

A. 窗口 B. 插入 C. 修改 D. 命令

18. 下列_____图片在 Dreamweaver 中是不支持的。

A. .gif B. .jpg C. .jpeg D. .bmp

19. Dreamweaver 打开代码检查器面板的快捷操作是_________。

A. F7 B. F8 C. F9 D. F10

20. 安装_______是使用 WWW 最基本条件。

A. 浏览器 B. IE C. 操作系统 D. Dreamweaver

7.3.2 多项选择题

1. Frontpage 2003_______。

A. 可编辑中文字体 B. 可编辑英文字体

C. 可编辑网页背景色 D. 不可编辑网页背景色

2. 网页中可以插入的动画格式有________。

A. swf　　B. gif　　C. bmp　　D. jpg

3. 下列属于网页动态元素类组件的有_______。

A. 悬停按钮　　B. 滚动字幕　　C. 动态横幅广告　　D. 日期时间戳

4. 表单中常见的表单域包括________。

A. 复选框　　B. 单行文本框　　C. 命令按钮　　D. 单选按钮

5. 通过________能实现在网页中插入一个新的表格的操作。

A. 菜单　　B. 工具栏　　C. 文字转换成表格　　D. 以上都可以

6. 以下应用属于利用表单功能设计的有_____。

A. 用户注册　　B. 浏览数据库记录

C. 网上订购　　D. 用户登录

7. 在表格单元格中可以插入的对象有_____。

A. 文本　　B. 图像　　C. Flash 动画　　D. Java 程序插件

8. Dreamweaver 图像映射上的热点区域可以是以下______形状上的一种。

A. 矩形　　B. 圆形　　C. 任意多边形　　D. 椭圆形

9. 在 Dreamweaver 中，下面_____文件类型可以进行编辑的。

A. HTML 文件　　B. 文本文件(.txt)　　C. 脚本文件(.js)　　D. 样式文件(.css)

10. 下列关于热区的使用，说法正确的是_______。

A. 使用矩形热区工具、椭圆形热区工具和多边形热区工具，分别可以创建不同形状的热区

B. 热区一旦创建之后，便无法再修改其形状，必须删除后重新创建

C. 选中热区之后，可在属性面板中为其设置链接

D. 使用热区工具可以为一张图片设置多个链接

7.3.3　填空题

1. 创建表单的方法有两种，一是___________，二是___________。

2. 设置图像格式时，可先选定图像，然后从“格式”菜单中选择“__________”菜单项，或者选择快捷菜单中选择“________”命令，打开“_________”对话框，从中进行设置即可。

3. 保存包含图像的网页与保存一般的网页不一样，不仅_______，而且也要_______。

4. 超链接是___________的简称，它代表了___________的链接关系。

5. 网页中超链接的文本的颜色共有 3 种。一是___________的颜色，二是___________的颜色，三是___________的颜色。

6. 缩略图是图像的___________，单击它能让网页访问者经过___________看到___________。

7. 创建多个热点就是把图像分成___________，并让它们链接到不同的目标。

8. 表格的状态包括___________状态和___________状态两种。

9. 日期时间戳是在网页中插入的一个___________标记，用来显示___________。

10. 框架网页是___________的网页，可以用来将___________分割成___________区域，

独立显示________。这些矩形区域称为________，网页中的框架内可以显示________的网页，能够独立翻滚浏览。

11. 使用键盘的 Enter 键对文本分段，即 Enter 键与______标记相应。

12. 在 Dreamweaver 中，站点通常包含两部分：即_____站点和_____站点。

13. 在 Dreamweaver 中，除了利用表格，用户还可以通过________和________来进行网页布局。

14. 图像占位符的作用是______________________________。

15. 在 Dreamweaver 中，在超级链接中有一个 TARGET 属性，该属性的作用是指定目标窗口，其中 TARGET 有 4 个值，分别是________、________、________和__________。

16. 在制作网页时，很多时候需要在一张图片上设置多个超级链接，在图片上设置多个超级链接作用的是________。

17. 在 Dreamweaver 中，利用页面属性对话框可以设置_______、_________、标题、标题/编码和跟踪图像等页面属性。

18. 按住______键不放，可以连续绘制多个层。

7.3.4 简答题

1. 什么是网页、超级链接、浏览器、网站、主页？
2. 如何建立一个新网页？
3. 如何设置网页背景？
4. 如何在网络站点中插入图像文件？
5. 如何拆分表格、合并单元格、插入单元格及删除单元格？
6. 简述创建表单及插入表单域的一般方法。
7. 框架包括哪些组成元素？
8. 框架属性设置包括哪些项目？如何设置？
9. FrontPage 2003 提供的动态元素类组件有哪些？如何在网页中插入这些组件？
10. Dreamweaver 的界面包括哪些部分？
11. Dreamweaver 预览网页有哪几种方法？
12. 什么是层？具有哪些功能？
13. 在 Dreamweaver 中，如何制作鼠标经过图像？
14. 在 Dreamweaver 中，适合在网络中使用的图像格式有哪几种？它们的区别是什么？
15. 在 Dreamweaver 中，如何插入邮件地址的超级链接？
16. 在 Dreamweaver 中，框架是否可以嵌套，如何实现？
17. 在 Dreamweaver 中，如何去除超级链接中的下划线？

7.4 习题参考答案

7.4.1 单项选择题答案

1. D　　2. B　　3. C　　4. D　　5. A

6. D 7. B 8. C 9. D 10. A
11. A 12. B 13. B 14. B 15. C
16. B 17.A 18. D 19. D 20. A

7.4.2 多项选择题答案

1. ABC 2. BD 3. ABC 4. ABCD 5. ABCD
6. ACD 7. ABCD 8. ACD 9. ABCD 10. ACD

7.4.3 填空题答案

1. 独立创建空表单，添加表单域时创建表单
2. 属性，图片属性，图片属性
3. 保存网页，保存图片
4. 超级链接，从一个点到另一目的端点
5. 超链接，已访问的超链接，当前超链接
6. 缩小版本，超链接，完整版本的图像
7. 多个区域
8. 编辑，选定
9. 时间，网页最后编辑的时间
10. 一种特殊的 HTML，浏览器窗口，不同的小窗口，若干 Web 网页，框架，不同
11. <p>和</p>
12. 本地 远程
13. 使用框架 使用层
14. 在图像没有处理好之前，先为图像预留指定大小的空间
15. _blank _parent _self _top
16. 热区
17. 外观 链接
18. Ctrl

7.4.4 简答题答案

(答案略。)

7.5 上机实验练习

7.5.1 实验一 文本及图像操作

一、实验目的

建立文本及对文本的格式化，插入图像及图像的格式化是网页制作中的最基本操作。通过本章的学习，就是为了掌握这些网页制作中的基础性操作，以便深入学习 FrontPage 2003 的其他高级操作。

二、实验内容

1. 文本的输入及文本的格式化。
2. 在网页中插入图像。

三、实验过程

在安装了 FrontPage 2003 并正确设置后，就可以开始创建最基本的网页了。而文本和图像无疑是所有网页中的最常见的组成元素，下面介绍如何在网页中加入文本及相关图像。

1. 文本的输入及文本的格式化

说明：下面以岳飞的《满江红》词为例创建第一个以文本为主的网页。

步骤 1：启动 FrontPage 2003，选择“文件” | “新建” | “空白网页”命令，在“设计视图”中输入《满江红》词，如图 7-1 所示。

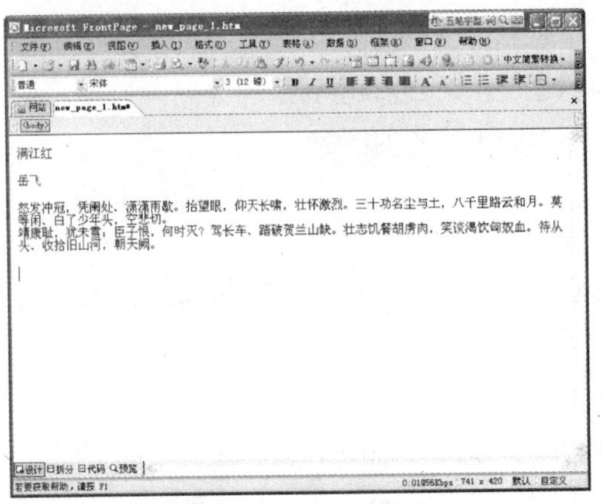

图 7-1　在 FrontPage 2003 设计视图中输入文字

步骤 2：选择需设置格式的文字，然后选择“格式” | “字体”菜单项，打开“字体”对话框，可以对文字进行各种字体格式设置，如图 7-2 所示。

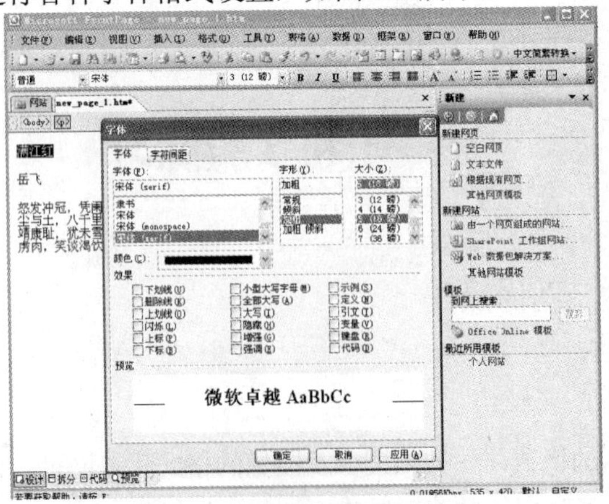

图 7-2　对文字进行基本格式化

步骤 3：对段落格式有特殊要求时，可选择“格式” | “段落”命令进行设置，如设置对

齐方式、段落缩进、段间距、行间距等，如图 7-3 所示。

图 7-3　设置段落格式

步骤 4：为了使网页行文简明、条理，可以使用编号或项目符号，通过选择“格式” | “项目符号与编号”菜单项来实现，如图 7-4 所示。

步骤 5：通过添加图片列表，可以使网页外观显得更加漂亮。实现方法是在如图 7-4 所示的对话框中，选定“指定图片”单选按钮，单击“浏览”按钮，打开如图 7-5 所示对话框，搜索并选择合适的图片，然后单击“打开”按钮。

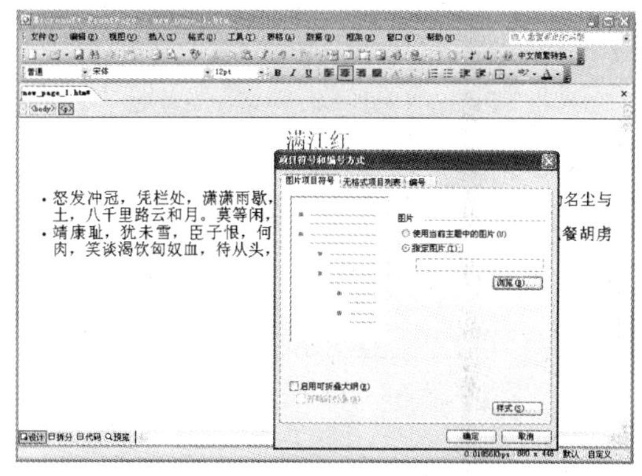

图 7-4　设置项目符号与编号

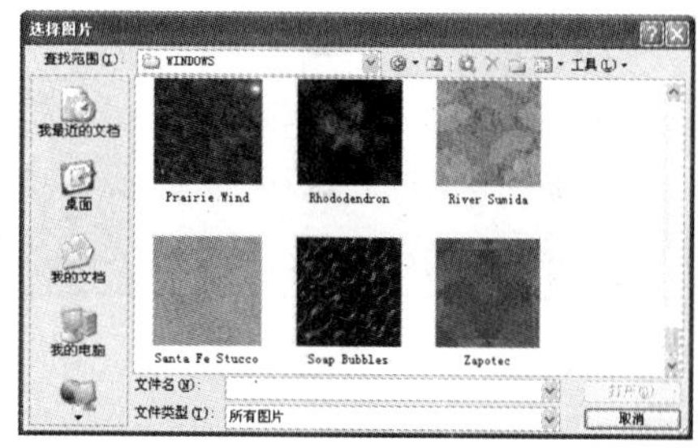

图 7-5　选择项目列表图片

2. 在网页中插入图像

图像与文字一样是组成网页的重要元素。图像比文字往往更直观，更有吸引力，所以很少有网页由清一色的文本组成，但过多的图像会使网页浏览时的下载速度受到影响。插入的图片可以来自于本地计算机，也可以从“剪贴画库”，还可以插入艺术字。

(1) 插入本地计算机上的图片

步骤 1：在设计视图下，将插入点置于欲插入图像的位置，选择“插入” | “图片” | “来自文件”命令，打开如图 7-6 所示的“图片”对话框。

步骤 2：通过修改“查找范围”，定位待插入的图片文件，选择合适的图片即完成插入。

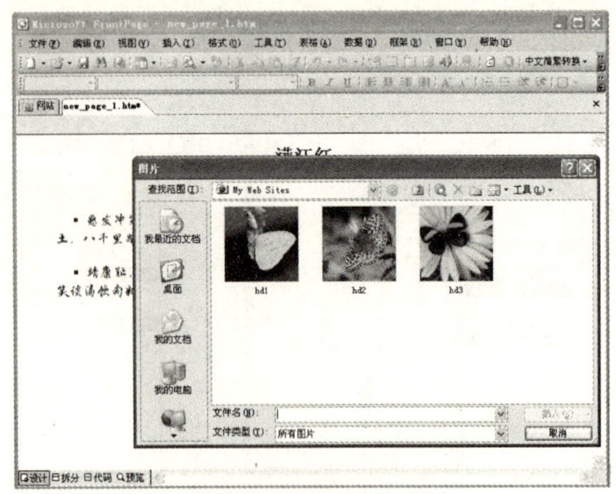

图 7-6　“图片”对话框

(2) 插入艺术字

步骤 1：在设计视图下，将插入点置于欲插入图像的位置，选择“插入”｜“图片”｜“艺术字”命令，打开如图 7-7 所示的“艺术字库”对话框。

步骤 2：选择其中一种艺术字样式，单击“确定”按钮，在接下来的对话框中输入艺术字具体内容，确定即完成艺术字的插入，如图 7-8 所示。

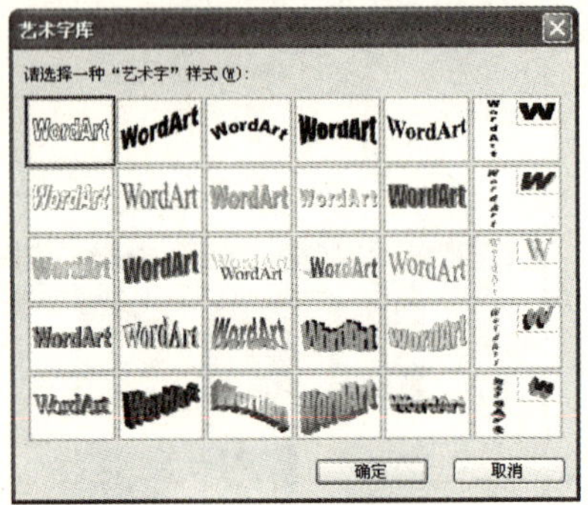

图 7-7　插入艺术字

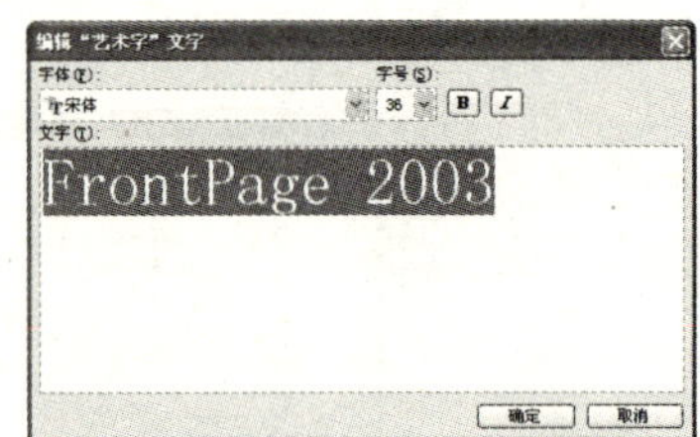

图 7-8　输入艺术字具体内容

7.5.2　实验二 FrontPage 2003 的表格操作

表格是一种非常直观的表述工具，可以使杂乱的东西变得井然有序，使人对表格中表达的数据及含义一目了然，在网页中添加适当的表格，是网页设计时的一项常见工作。

一、实验目的

通过实例掌握在 FrontPage 2003 中使用表格的方法。主要包括如何建立表格、修改表格及对表格的常见格式化。

二、实验内容

1. 表格创建。
2. 单元格操作。
3. 常见表格属性设置。

三、实验过程

1. 表格创建

在 FrontPage 2003 中，可以使用菜单命令、工具按钮生成规则表格，也可以使用表格工具栏绘制较复杂的表格。

为叙述方便，在此先利用菜单命令生成基础表格，然后使用表格工具栏定制表格。

步骤 1：把光标定位到需要插入表格的位置，选择“表格”|“插入”|“表格”命令，打开如图 7-9 所示的对话框。

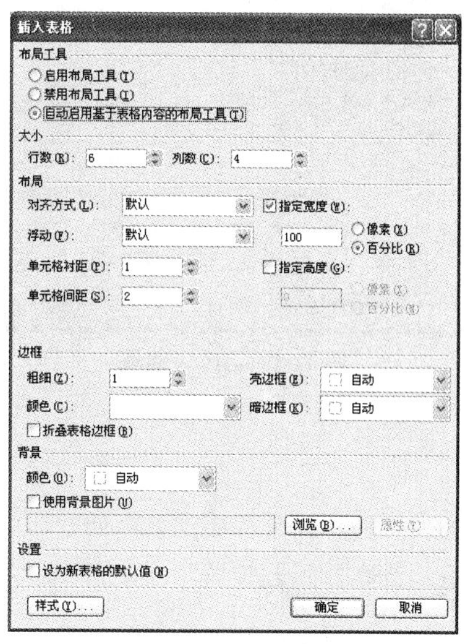

图 7-9　插入表格

步骤 2：在“行数”、“列数”文本框中根据实际情况设置好表格的行、列数，即完成插入相应行列数的表格至网页中。

步骤 3：使用与输入文字相同的方式，把表格中的文字输入到表格单元中，如图 7-10 所示。

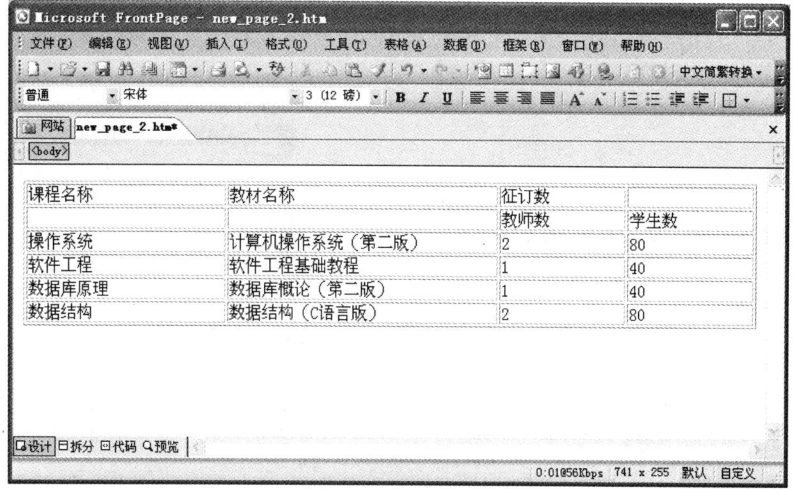

图 7-10　在网页中插入表格

步骤 4：右击窗口菜单栏或工具栏，选择“表格”命令，打开“表格”工具栏，选择其中的“清除”按钮，把表格中“课程名称”、“教材名称”栏目下的表格线清除，得到如图 7-11 所示的表格。

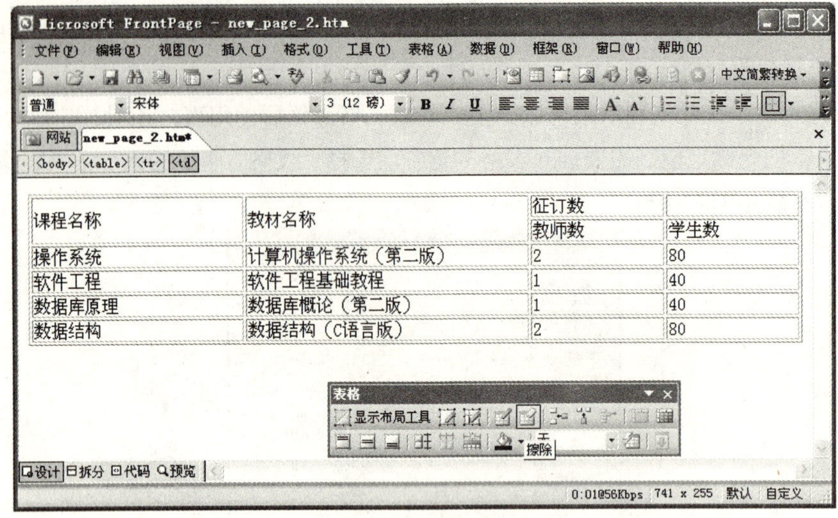

图 7-11　清除表格线

2. 单元格操作

默认情况下，建立起来的表格的各列是等高的，而列宽会根据输入的内容自动调整，实践中往往需要对单元格的列宽、行高等重新设置。

(1) 合并单元格

步骤 1：选择要合并的由相邻单元格组成的单元格区域。

步骤 2：选择“表格” | “合并单元格”命令，即实现把选定的单元格区域合并为一个单元格，如图 7-12 所示。

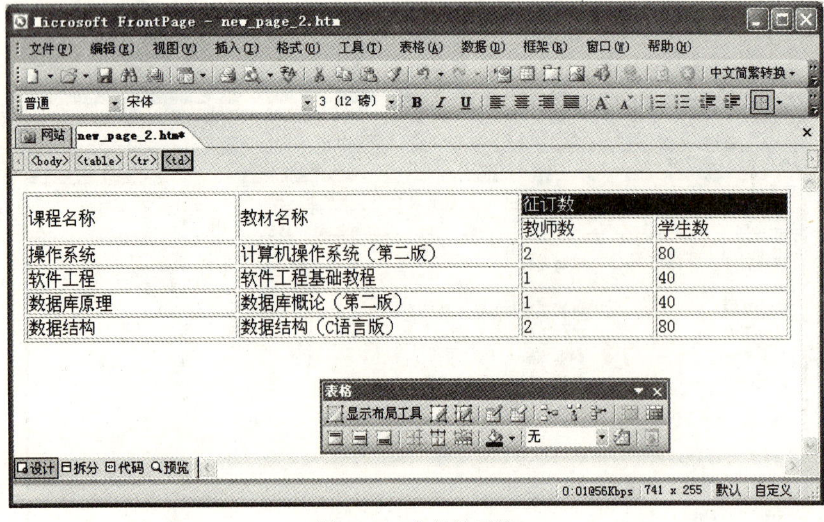

图 7-12　合并单元格

2. 拆分单元格

步骤 1：选择要拆分的单元格。

步骤 2：选择“表格”|“拆分单元格”命令，在打开的对话框中，选定“拆分成列”单选按钮，并在“列数”栏中设置合适的列数，如 2，如图 7-13 所示，单击“确定”按钮，即实现把选定单元格拆分成指定规格的单元格。

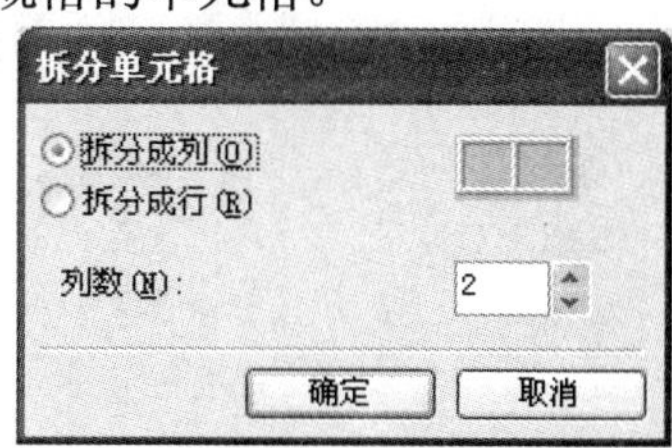

图 7-13　拆分单元格

步骤 3：拆分为行的方式类似，读者可自己练习。

(3) 插入单元格

步骤 1：把光标置于想要插入单元格的行中。

步骤 2：选择“表格”｜“插入”｜“单元格”命令，即可插入单元格。

步骤 3：如果光标放在想要插入单元格的行中(本例把光标放在“软件工程”一行的第三列中)，则执行插入命令后，光标处将出现一个新的单元格，其后的单元格自动依次右移，如图 7-14 所示。

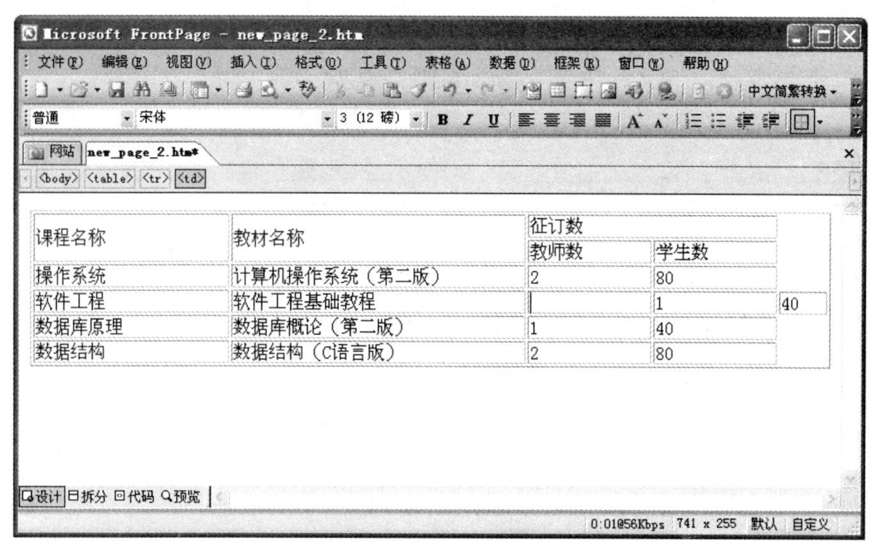

图 7-14　不选定单元格(区域)时插入单元格

(4) 删除单元格

删除单元格操作是插入单元格的逆操作，两者操作方法相近，读者可自己练习实现。

3. 常见表格属性设置

插入表格后，如果进一步对表格的某些属性重新进行设置，可以使表格显得更美观、清晰，以下对表格的常见属性设置加以实现，主要包括单元格属性设置、表格的综合布局等。

(1) 单元格属性设置

步骤 1：选定要重新设定表格属性的单元格(区域)；(本例选定表格的第一行单元格)。

步骤 2：选择“表格” | “表格属性” | “单元格”命令，打开“单元格属性”对话框，如图 7-15 所示。

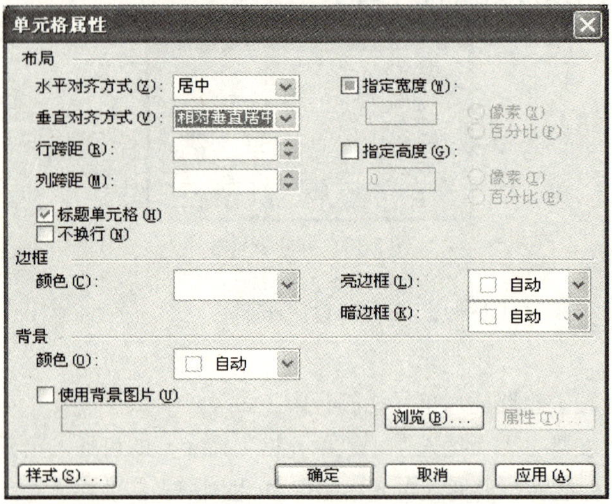

图 7-15　单元格属性

步骤 3：在这个对话框中，可以设定单元格布局、边框及背景等属性，按要求设置好相应项目后，确定即可完成对选定单元格的属性设置，如图 7-16 所示。

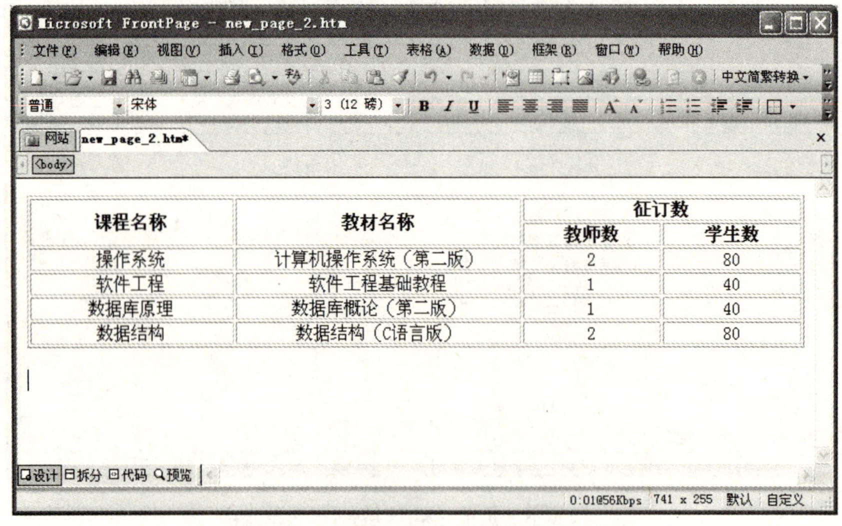

课程名称	教材名称	征订数	
		教师数	学生数
操作系统	计算机操作系统（第二版）	2	80
软件工程	软件工程基础教程	1	40
数据库原理	数据库概论（第二版）	1	40
数据结构	数据结构（C语言版）	2	80

图 7-16　重新设定单元格属性后的表格

(2) 表格综合布局

表格的综合布局设定对表格的整体效果进行设置，主要涉及标题属性、对齐方式(注意区别表格内文字的对齐方式)、边框、单元格边距与间距，以及表格的背景等内容。

步骤 1：将光标放在要设置综合布局的表格中。

步骤 2：选择“表格”|“属性”|“表格”命令，打开如图 7-9 所示的对话框，其设置方式与单元格属性设置方式类似，请读者自己练习实现。

7.5.3　实验三 网页中插入超链接与书签

超链接指的是从一点到另一个目的端点的链接关系，是网页设计中最活泼、最富吸引力的一种基本元素。书签则是超链接的另一概念形式，用于实现网页中不同部分间的快速定位。

一、实验目的

通过实例介绍在网页中设置文本超链接、设置图像超链接及设置热点的方法，以及如何在网页中建立并使用书签。

二、实验内容

1. 文本超链接的建立与设置。
2. 图像超链接的建立与设置。
3. 热点的建立与设置。
4. 书签的建立与使用。

三、实验过程

1. 文本超链接的建立与设置

以文本信息为载体建立起来的超链接称为文本超链接，是超链接的一种最主要的形式。链接到的位置可以是本地或远程网页文件，也可以是其他类型的文件。

步骤 1：打开欲建立超链接的网页，并选中用于定义超链接的文本，右击，打开如图 7-17 所示的快捷菜单。

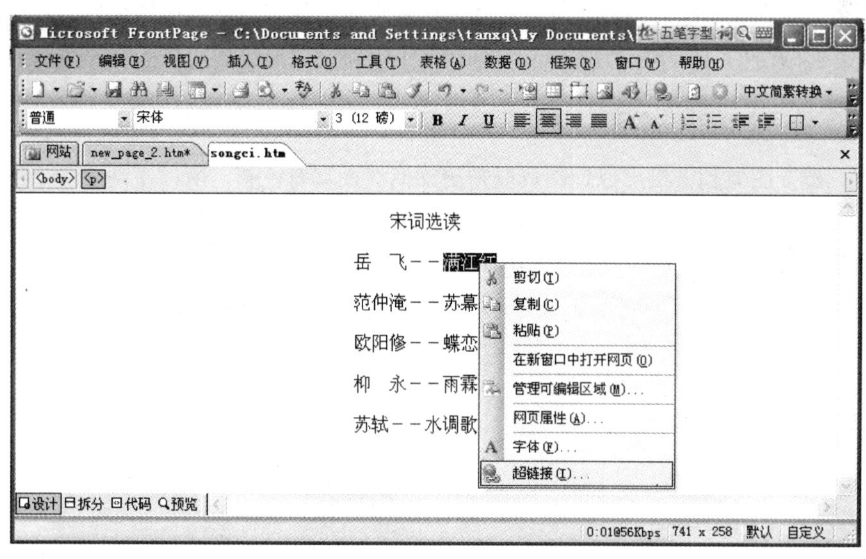

图 7-17　选中建立超链接的文本

步骤 2：选择“超链接”选项，打开“插入超链接”对话框，如图 7-18 所示。

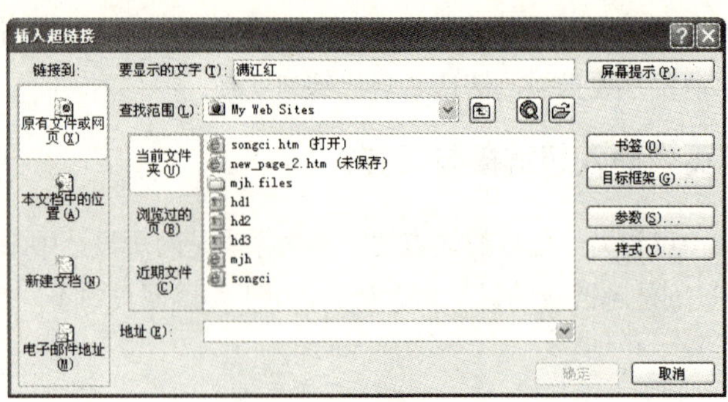

图 7-18　创建超链接

步骤 3：选择目标网页文件或其他类型文件，如果要链接远程网页，可以在“地址”栏中直接输入相应的网址，如 http://www.tsinghua.edu.cn，也可以单击“查找范围”栏右边的第二个按钮找到要使用的网页或文件，方法与插入图像方法类似，在此不再赘述。此例，选择一本地网页，即 mjh.htm，建立链接后效果如图 7-19 所示。

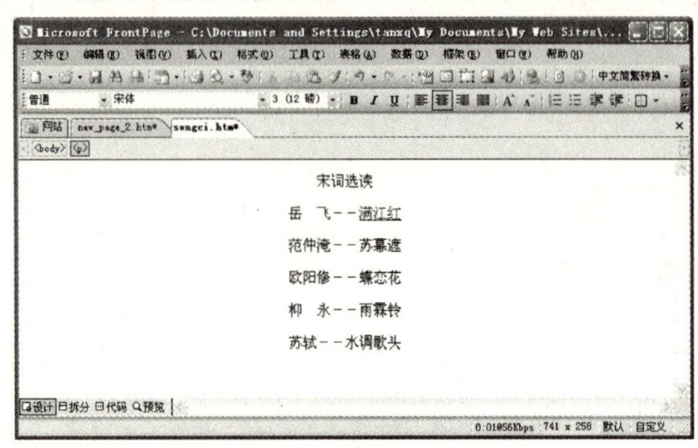

图 7-19　建立文本超链接

步骤 4：建立文本超链接后，可以对其进行编辑，过程与建立链接的过程类似，重复步骤 1、步骤 2，在打开的如图 7-18 所示的对话框中重新设定超链接的目标文件或网址即可。

2. 图像超链接的建立与设置

说明：建立图像超链接可以使网页显得更加活泼而富有色彩，所以在网页中广泛使用，其最大的好处就是直观醒目，但网页中图像过多会影响网页的下载速度，应综合考虑。

步骤 1：在打开的网页中，选中欲建立超链接的图像，如图 7-20 所示。

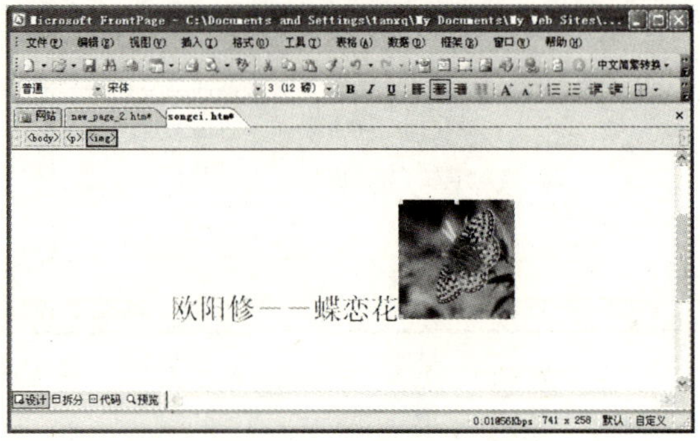

图 7-20　选中建立超链接的图像

步骤 2：通过选择图像的快捷菜单中的“超链接”选项，打开与图 7-18 类似的对话框。

步骤 3：根据实际需要，在“地址”栏中输入网址、网页文件、E-mail 地址或其他文件，方法同文本超链接的建立方法。

3. 热点的建立与设置

所谓热点就是图像上的一块区域，当光标移至其上时，会变成手形光标。创建多个热点可以实现把图像分成多个区域，每个区域链接到不同的目标，即实现一幅图像建立多个超链接。

步骤 1：在打开的网页中选中图像，如图 7-20 所示。

步骤 2：根据欲创建的热点形状，在图片工具栏上单击“长方形热点”、“圆形热点”或“多边形热点”按钮，然后将光标移到图像的适当位置，等光标变成笔形时，接连单击鼠标左键，在图像上画出热点，如图 7-21(a)所示。

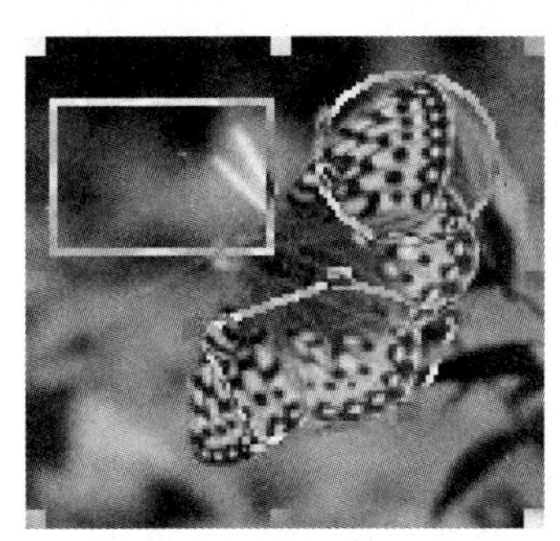

(a) 创建热点

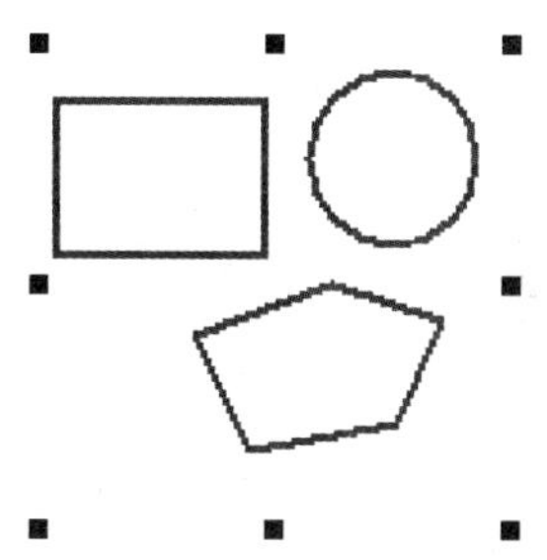

(b) 突出显示热点

图 7-21　创建并设置热点

步骤 3：画完热点后，在释放鼠标时系统自动弹出如图 7-18 所示的“插入超链接”对话框，采用前述相同的方法指定当前热点区域链接的目标，确认即可。

步骤 4：对于创建好的热点，还可以继续编辑其形状、大小、移动位置或修改链接的目标，这些操作都必须先选择图像，再单击要编辑的热点区域。但由于热点与图像叠加在一起，编辑时不容易看到热点，此时，可以在图片工具栏中单击“突出显示热点”按钮，以隐藏图像，只显示热点，如图 7-21(b)所示。

4. 书签的建立与设置

对于一个长达几页，甚至几十页的文件来说，若要从中直接找到某个专题方面或标题下的内容通常很困难，建立书签可为这种需要提供极大的方便。

步骤 1：在设计视图下，将插入点定位在欲建立书签的位置，或者选择欲指定书签的文本或图像。

步骤 2：选择“插入”|“书签”菜单项，打开“书签”对话框，如图 7-22 所示。

步骤 3：在“书签名称”文本框中输入书签的名称，也可以不输入，而使用默认的名称。

步骤 4：在建立好书签后，只需在如图 7-22 所示的“书签”对话框中的“此网页中的其他书签”中选择已创建的书签，再单击“转到”按钮，即可把光标直接定位到书签位置处；

如果已建立的书签已没有作用，在选择该书签后，单击“清除”按钮即可。

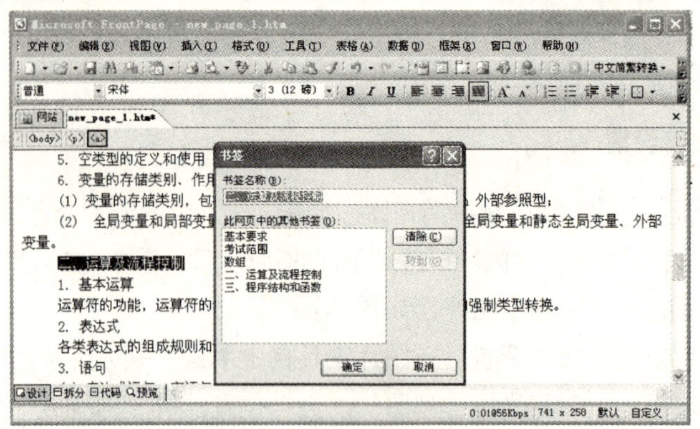

图 7-22　书签的建立与使用

7.5.4　实验四 网页表单的使用

表单用来收集站点访问者信息，实现网页浏览者的交互，达到收集浏览者输入信息的目的。在申请免费 E_mail 地址或申请加入某项组织时，网页浏览者经常被要求填写个人资料表格，即以表单形式实现。所以表单在网页设计时也是一类重要元素。

一、实验目的

通过实验掌握创建表单及插入表单域的一般方法，表单属性及表单域的设置。

二、实验内容

创建表单及插入表单域，并设置表单及表单对象属性。

三、实验过程

表单只是一个容器，真正用于接受浏览者输入的是各表单中的各个元素，即表单域，主要包括文本框、复选框、单选按钮、下拉菜单、命令按钮、标签及口令输入域等。下面以建立如图 7-23 所示的表单为例进行叙述。

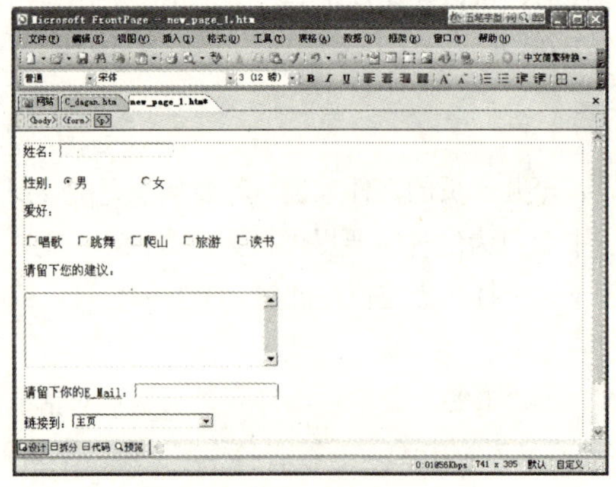

图 7-23　表单举例

步骤 1：选择“插入”｜“表单”｜“表单”菜单项，在当前网页编辑窗口中创建一个默认含有“提交”、“重置”两个命令按钮的表单。

步骤 2：默认创建的表单只有一行高度，可以通过按回车键，插入若干空行，以扩大表单高度。把插入点移到适当位置，从键盘输入“姓名：”，选择“插入”|“文本框”命令，即可实现插入一单行文本框的表单域。

步骤 3：用鼠标右键单击刚插入的单行文本框，在打开的快捷菜单中选择“表单域属性”命令，打开如图 7-24 所示的对话框。

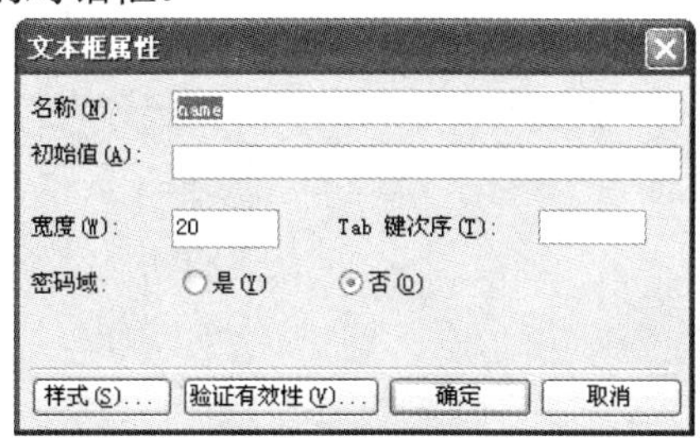

图 7-24　文本框属性

步骤 4：在“名称”文本框中输入合适的表单域名称，如果有特别要求，也可对其他内容进行设置，如初始值、密码域等，“验证有效性”按钮可以对文本框中输入的字符进行限制，所有项设置好后，单击“确定”按钮。

步骤 5：重复步骤 2~步骤 4，采用类似的方法依次插入其他表单域，并设置好各表单的属性，即可得到如图 7-23 所示的表单。

7.5.5　实验五 创建和使用框架

利用框架可以将浏览器窗口分割成不同的小窗口区域，显示若干个 Web 页。框架是目前网页制作中常用的工具。

一、实验目的

掌握框架网页的创建及框架的使用，框架属性设置，及如何保存框架源文件。

二、实验内容

1. 创建框架网页
2. 设置框架属性
3. 保存框架源文件

三、实验过程

1. 创建框架网页

所谓框架网页，就是利用框架实现的网页。其中并不包括可见内容，只是用于记载其他网页显示的内容和显示的方式，常用于目录、文章列表或其他相关种类的网页中。

单击框架中显示的网页上的超链接时，超链接指向的网页显示在目标框架中。

框架主要组成元素包括边框、滚动条和网页 3 部分。

下面以如图 7-25 所示的框架网页为例讲述框架网页的创建过程。

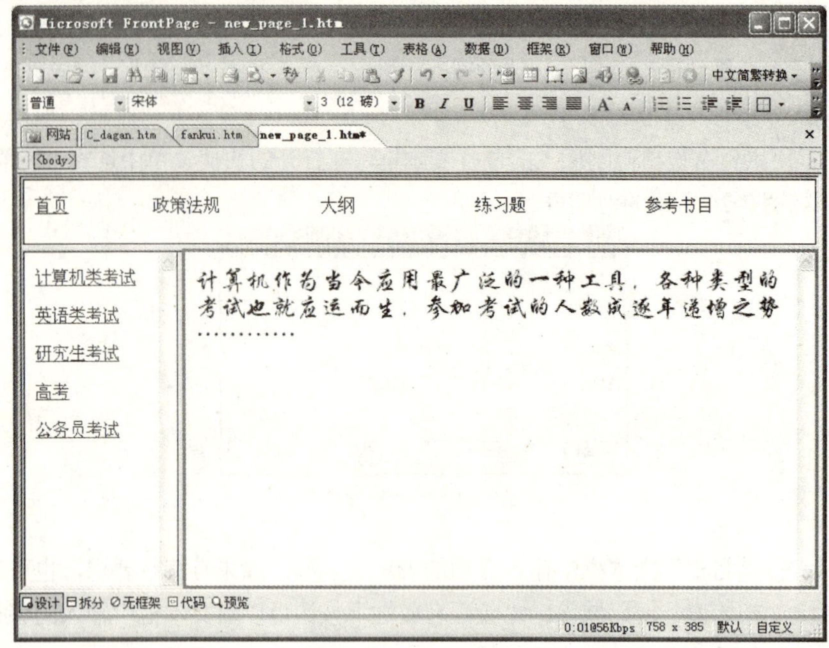

图 7-25　框架网页举例

步骤 1：选择“文件”｜“新建”｜“其他网页模板”命令，在打开的对话框中，选择“框架网页”选项卡，然后选择“横幅与目录”选项，如图 7-26 所示。

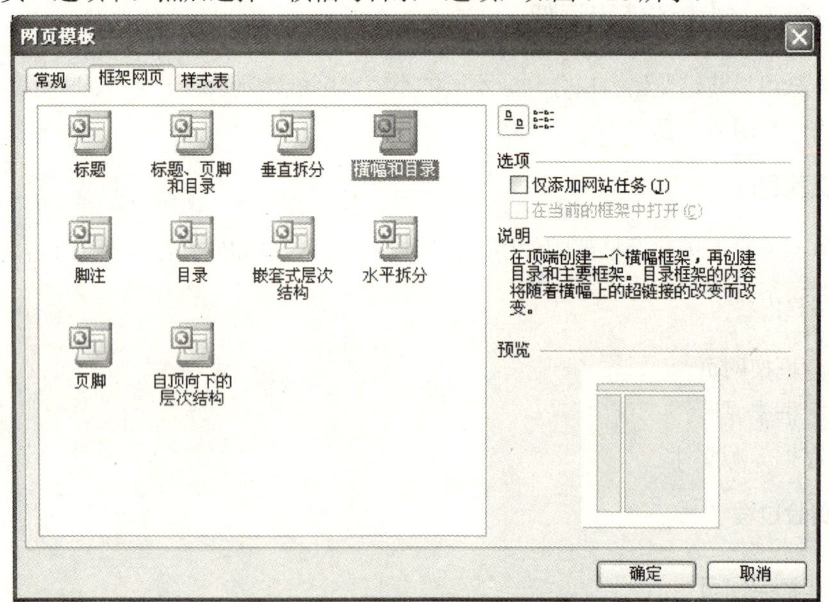

图 7-26　“框架网页”选项卡

步骤 2：单击“确认”按钮，打开如图 7-27 所示的空框架网页，其中含有 3 个框架，每个框架中含有两个命令按钮，即“设置初始网页”和“新建网页”。

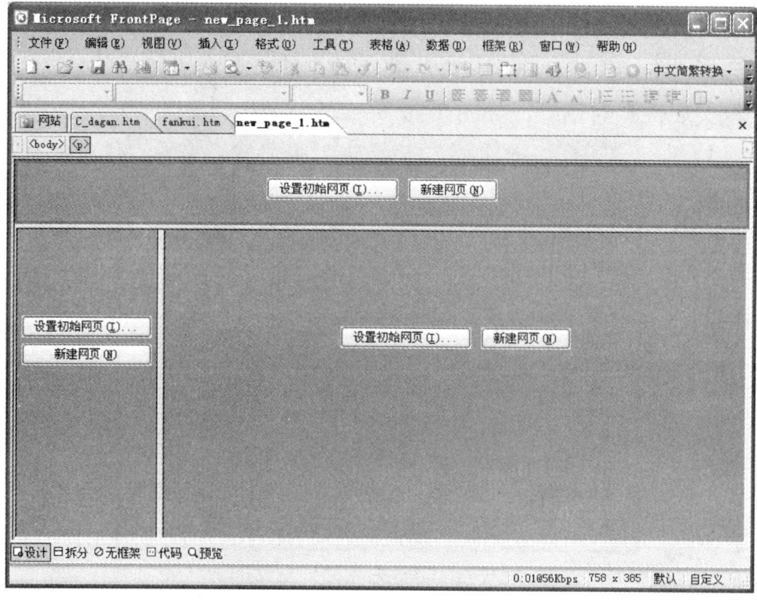

图 7-27　包含 3 个框架的框架网页

步骤 3：单击横幅框架中的“新建网页”按钮，则在横幅框架中新建一空白网页，在其中按图 7-25 所示输入相应的文字，如图 7-28 所示。

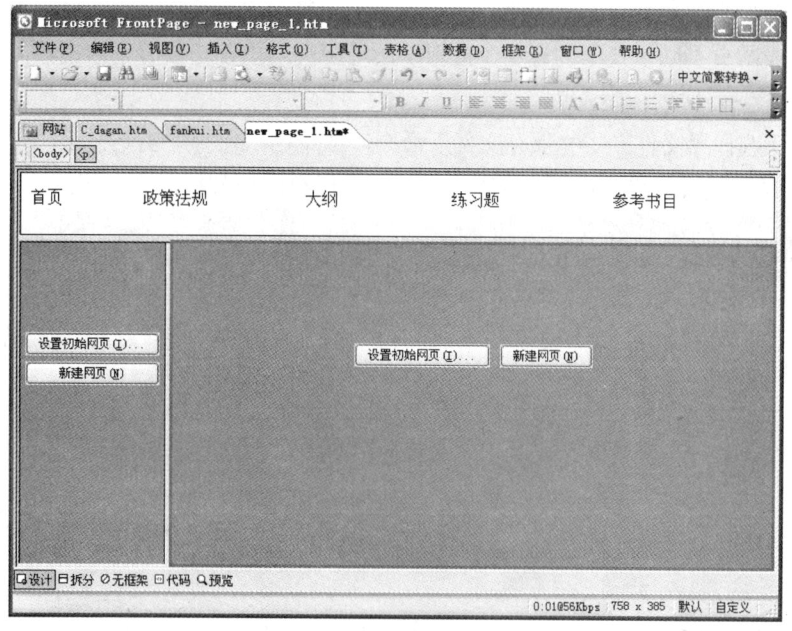

图 7-28　新建横幅框架中的网页

步骤 4：重复步骤 3，按图 7-25 所示，分别建立其他两个框架区域内显示的网页。

步骤 5：根据图 7-25 所示，按照前文建立超链接的方法，对各条幅分别建立超链接。

2. 设置框架属性

框架属性主要包括名称、边距、滚动条、间距、高度等。

步骤 1：在欲设置其属性的框架区域内单击，选定该框架。

步骤 2：选择“框架” | “框架属性”菜单项，或从框架快捷菜单中选择“框架属性”命令，打开“框架属性”对话框，如图 7-29 所示。

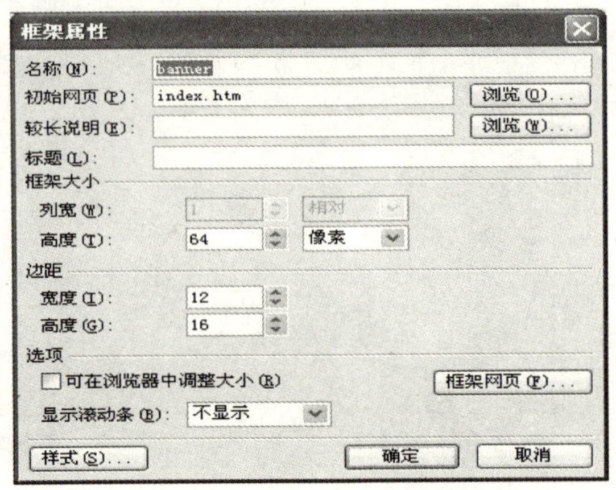

图 7-29　“框架属性”对话框

步骤 3：在该对话框中，可以根据实际需要设置名称、初始页、框架尺寸、边距等项目。

3. 保存框架源文件

一个框架网页可以包含多个框架，每个框架中只能包含一个网页，因此，框架网页的保存方法与一般网页不同，其中的每一个框架中所对应的网页都需要分别给出不同的文件名进行保存。

步骤 1：选择“文件” | “保存文件”命令，或单击“保存”工具按钮，打开如图 7-30 所示的对话框，在该对话框右边的列表框中，正在保存的框架被高亮显示。

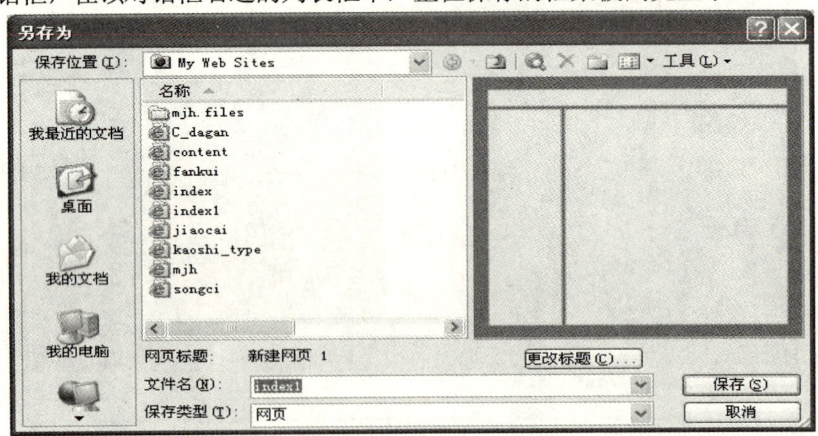

图 7-30　“另存为”对话框

步骤 2：设置好“保存位置”，在“文件名”文本框中输入目标文件名，单击“保存”按钮。

步骤 3：系统自动弹出其他框架中网页的“另存为”对话框，按照相同的方法处理，即可完成对框架网页的保存。

7.5.6　实验六 动态效果制作

在 FrontPage 2003 中，设置动态效果主要包括悬停按钮、视频动画、滚动字幕、动态横幅广告及站点计数器等。通过添加这些元素，可以使网页变得生动、活泼，是增强网页吸引力和表现力的有效手段。

一、实验目的

通过实例掌握添加动态效果的方法。

二、实验内容

1. 使用滚动字幕。
2. 使用动态横幅广告。
3. 使用站点计数器。
4. 设置网页过渡效果。

三、实验过程

1. 使用滚动字幕

滚动字幕主要为引起浏览者的注意，一般用于发布重要信息，且往往是暂时性的。

步骤 1：打开欲加入滚动字幕的网页，并将插入点定位至欲出现滚动字幕的位置。

步骤 2：选择“插入”|“Web 组件”|“动态效果”命令，打开如图 7-31 所示的对话框。

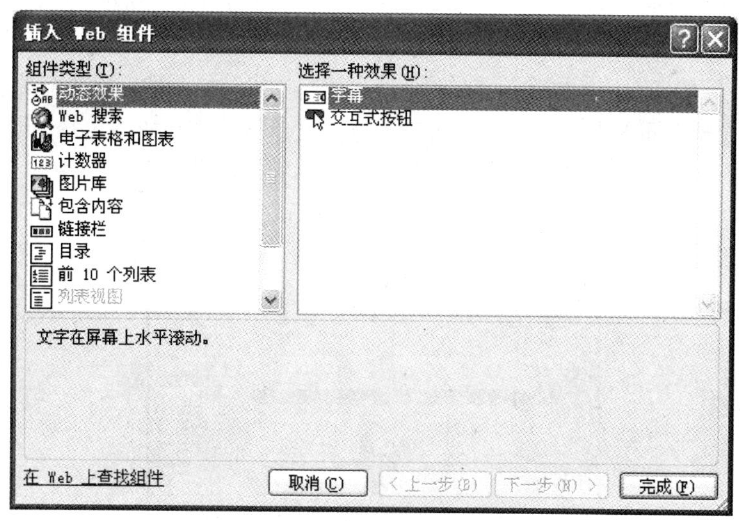

图 7-31　“插入 Web 组件”对话框

步骤 3：选择“字幕”效果，单击“完成”按钮，打开如图 7-32 所示的对话框。

步骤 4：在“文本”文本框中输入用于滚动字幕的文字，如“欢迎您光临本网站，愿共同的爱好让我们成为朋友！”，其他项目根据需要设定，单击“确定”按钮，完成字幕创建。

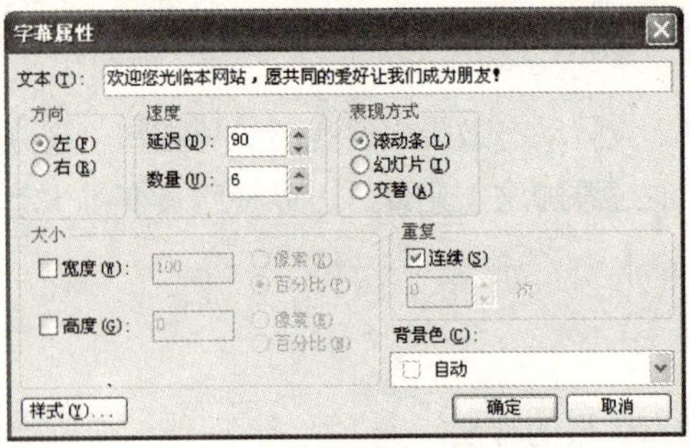

图 7-32　“字幕属性”对话框

2. 使用动态横幅广告

在许多网站中，经常可以看到网页的顶部有一滚动的标题广告，不断地变化图像或文字，此即通常所说的“动态横幅广告”。

在网页中添加动态横幅广告前，须使用图像处理软件完成广告图像制作。设现已有 3 幅图像，其文件名分别为 hd1.gif、hd2.gif 和 hd3.gif，下面以这 3 幅图像加入到动态横幅广告中为例进行叙述。

步骤 1：在“工具”菜单上，选择“自定义”命令。

步骤 2：在“自定义”对话框中，打开“命令”选项卡。

步骤 3：打开“插入”菜单。

步骤 4：在“自定义”对话框中的“类别”列表中，单击“插入”。

步骤 5：在“命令”列表中，找到并单击“横幅广告管理器”。

步骤 6：将“横幅广告管理器”项拖动到“插入”菜单中，然后将其置于所需位置。

步骤 7：在“自定义”对话框中，单击“关闭”按钮。

步骤 8：打开想加入动态横幅广告的网页，并将插入点定位至欲出现动态横幅广告的位置。

步骤 9：选择“插入”｜“横幅广告管理器”菜单项，打开如图 7-33 所示的对话框。

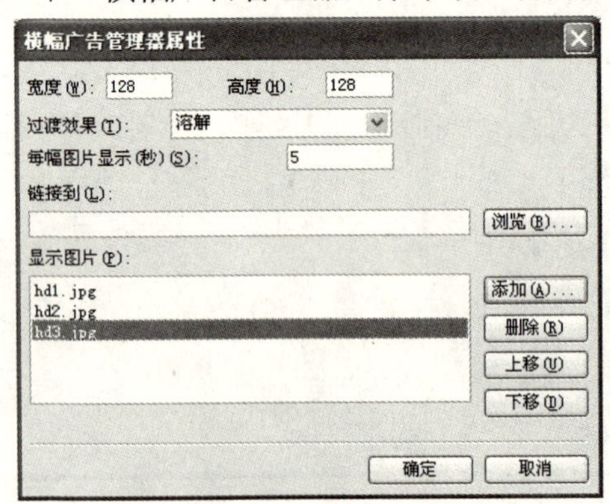

图 7-33　“横幅广告管理器属性”对话框

步骤 10：在该对话框中的“宽度”及“高度”文本框中，根据实际需要设置显示在网页中的横幅广告的宽度及高度。

步骤 11：设置过渡效果。

步骤 12：设置每幅图片显示的时间。

步骤 13：单击“添加”按钮，在打开的对话框中，把拟添加到广告中的图像载入；可以通过“删除”按钮删除列表中的图像，也可以通过“上移”及“下移”按钮对广告中的图像的显示顺序进行调整。

步骤 14：单击“确定”按钮，在当前网页中即出现横幅广告，可启动浏览器查看效果。

3. 使用站点计数器

站点计数器也是网页中的常见内容，用于统计浏览过该网页的人次。

步骤 1：打开要插入计数器的网页，并将插入点定位于拟显示计数器的位置。

步骤 2：选择“插入”|“Web 组件”菜单项，在打开的对话框中选择“计数器”选项，如图 7-34 所示。

图 7-34　计数器属性

步骤 3：从中选择一种计数器样式。

步骤 4：选中“计数器重置为”复选框，在该复选框后的文本框中设置初始显示在计数器上的数字，一般为 0。

步骤 5：根据需要，可选中“设定数字位数”复选框，在其后的文本框中设置数字位数，如 6 位。

步骤 6：单击“确定”按钮，保存网页修改，通过浏览器可以查看到实际效果。

4. 设置网页过渡效果

网页的过渡效果用在当浏览器更新网页时两个相邻网页之间的替换过渡方式。

步骤 1：打开欲添加过渡效果的网页。

步骤 2：选择“格式”|“网页过渡”菜单项，打开“网页过渡”对话框，如图 7-35 所示。

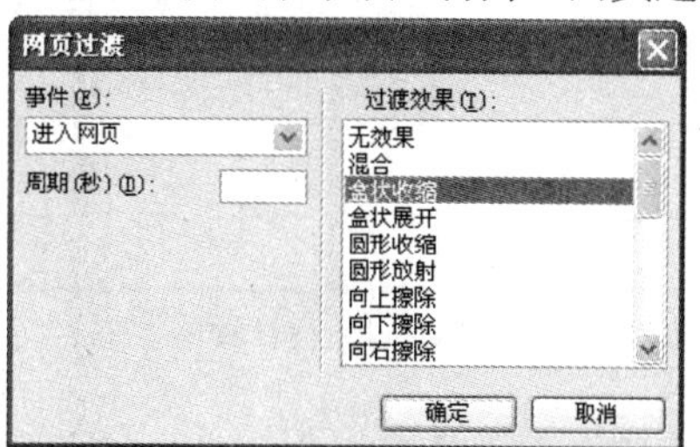

图 7-35　“网页过渡”对话框

步骤 3：在该对话框中，先选择“事件”下拉列表框中的一类事件，然后在“过渡效果”

列表中选择一种效果即可。其中的事件包括“进入网页”、“离开网页”、“进入网站”及“离开网站”4 种。

步骤 4：在“周期”文本框中设置过渡效果的持续时间，如 10。

步骤 5：单击“确定”按钮，保存修改，可在浏览器中查看效果。

7.5.7　实验七 Dreamweaver 中文本与图像的操作

一、实验目的

通过此实验掌握在 Dreamweaver 中输入文本并设置文本属性，在网页中插入图像并设置图像属性，掌握鼠标经过翻转图像的操作，掌握插入 Flash 动画及 Flash 按钮的操作。

二、实验内容

1. 文本的输入及设置文本属性。
2. 在网页中插入图像并设置图像属性。
3. 鼠标经过翻转图像。
4. 插入 Flash 动画及 Flash 按钮。

三、实验过程

1. 文本的输入及设置文本属性

步骤 1：启动 Dreamweaver 8.0，显示起始页，选择创建新项目 HTML，在“设计视图”中输入《满江红》词，如图 7-36 所示。

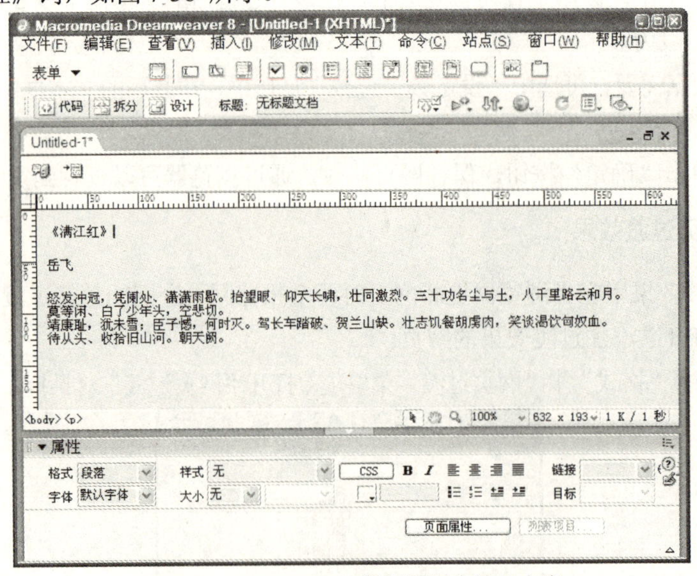

图 7-36　Dreamweaver 设计视图中输入文字

步骤 2：选择需设置格式的文本或段落，在如图 7-36 所示窗口下方的“属性”面板中设置格式，或在“文本”菜单的下拉菜单中设置文字或段落的格式。

2. 在网页中插入图像并设置图像属性

步骤 1：在设计视图下，将插入点置于欲插入图像的位置，选择“插入”|“图像”命令，打开“选择图像源文件”对话框，如图 7-37 所示。

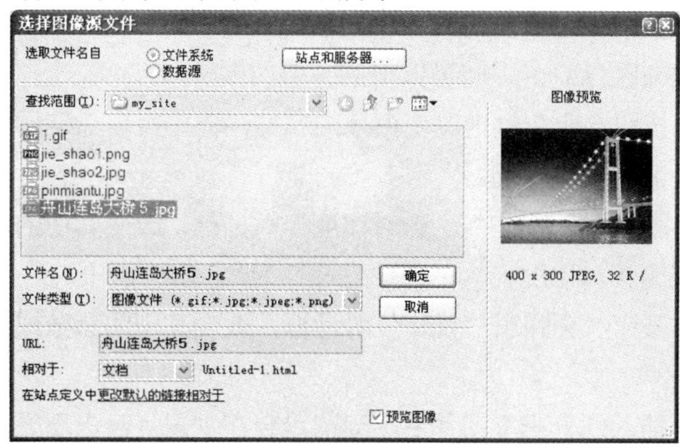

图 7-37 “选择图像源文件”对话框

步骤 2：在如图 7-37 所示中，通过修改“查找范围”，定位待插入的图片文件，选择合适图片即完成插入，如图 7-38 所示。

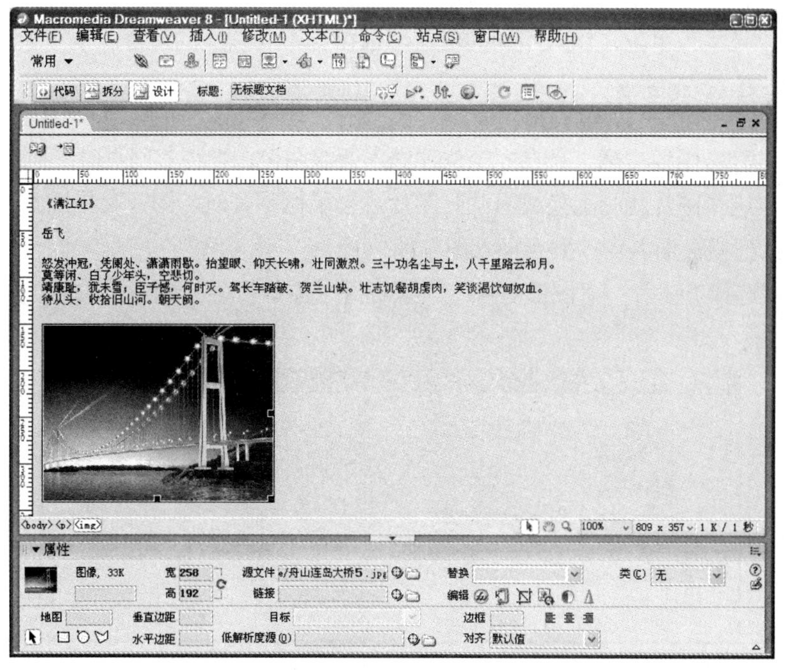

图 7-38 Dreamweaver 设计视图中插入图片

步骤 3： 选中图片，在如图 7-38 所示中，窗口的下方显示了“图像”属性面板，在“图像”属性面板中可以设置图片的格式。其属性面板中的内容如下。

宽和高：显示图片当前的尺寸。

替换：设置文本说明文字。

源文件：显示当前图片文件的位置和名称。

编辑：如果进一步对图片进行处理，可以通过编辑按钮，使用外部的图片处理软件编辑图片。

按钮：专为 Fireworks 而设的，可以通过 Fireworks 来优化图片。

按钮：单击该按钮，选中的图片周边就变暗，拖动控制柄，改变边框形状，直到满意为止，最后在图片的亮区上双击，就可以得到想要的图像。

按钮：单击该按钮会永久性地改变图像的属性，但是可以撤销所做的修改，该按钮在图片尺寸没有改变之前是不可用的。

按钮：单击该按钮，会弹出“亮度/对比度”对话框，改变其中的参数或拉动滑块就可以改变所选图像的亮度和对比度。

按钮：单击该按钮，会弹出“锐化”对话框，改变其中的参数或拉动滑块可以改变所选图像的锐化度。

低解析度源：在插入低分辨率图片后，浏览器会在主图片没出现之前先显示这张低分辨率图片。

水平对齐：分别对应左对齐、居中、右对齐。

对齐：垂直对齐，用于调整图片与文字的关系。

垂直边距和水平边距：设置图片四周的留白。

边框：以像素为单位，输入不同的值就可以得到不同宽度的边框。

3. 鼠标经过翻转图像。

鼠标经过翻转图像实际上是在同一位置插入两幅图像，当浏览网页时，把鼠标移动到一张图片上时，这张图片就马上换成另一张图片，当鼠标移开时，图片又换回来了。

步骤 1：把鼠标插入点放到要插入图片的位置。

步骤 2：选择“插入”|“图像对象”|“鼠标经过图像”菜单命令，这时会打开如图 7-39 所示的对话框。

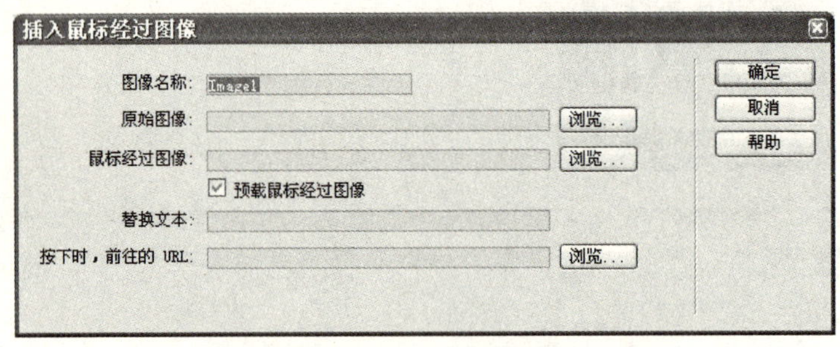

图 7-39　“插入鼠标经过图像”对话框

步骤 3：在如图 7-39 所示中，“图像名称”文本框中可以为翻转图像命名，也可以保持默认值。

步骤 4：单击“原始图像”右侧的“浏览”按钮，打开“原始图像”对话框，从中选择一幅图像。

步骤 5：单击“鼠标经过图像”文本框右侧的“浏览”按钮，从中选择另一幅图像。

步骤 6：选中“预载鼠标经过图像”复选框。

步骤 7：在“替换文本”文本框中输入说明文字。

步骤 8：在“按下时，前往的 URL”文本框中输入链接地址，或单击右侧的“浏览“按钮，选择一个链接目标。如果只需要交换图像，也可以不设置该项。

步骤 9：设置完成后，单击“确定”按钮。

步骤 10：按下 F12 键打开浏览器，先将鼠标放到如图 7-40 所示的图片上，就可以看到翻转图像的效果，如图 7-41 所示的图片，当鼠标离开后，又翻回到原来图片。

图 7-40　鼠标经过前图像

图 7-41　鼠标经过后图像

4. 插入 Flash 动画及 Flash 按钮

(1) 插入 Flash 动画

可以在网页中插入 Flash 动画和动态的 Flash 按钮。Flash 动画是一种高质量的矢量动画，使用动画制作软件 Flash 创建，其扩展名为.swf。

步骤 1：在设计视图下，将插入点置于欲插入图像的位置，选择“插入”|“媒体”| Flash 菜单命令，打开如图 7-42 所示的对话框。

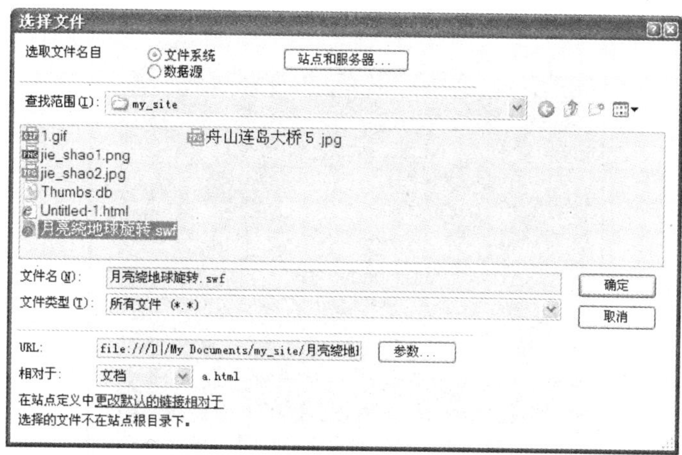

图 7-42　选择 Flash 动画文件对话框

步骤 2：在如图 7-42 所示的对话框中，选择要插入的 Flash 动画文件，然后单击“确定”按钮，会将 Flash 动画文件的图标插入到文档中，如图 7-43 所示。

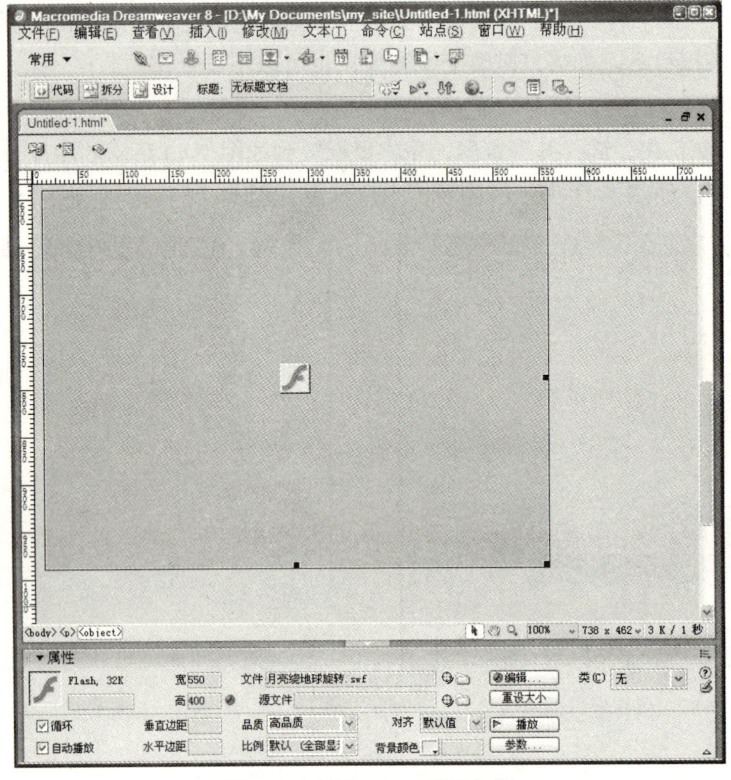

图 7-43　插入 Flash 动画文件

步骤 3：选中插入的 Flash 动画图标，在如图 7-43 所示的窗口下方的“属性”面板中可以修改其各项属性。

步骤 4：按 F12 键可以浏览插入的动画，动画会自动播放，如图 7-44 所示。

图 7-44　在浏览器中动画自动播放

(2) 插入 Flash 按钮

步骤 1：选择“插入”|“媒体”|“Flash 按钮”菜单命令，打开如图 7-45 所示的“插入 Flash 按钮”对话框。

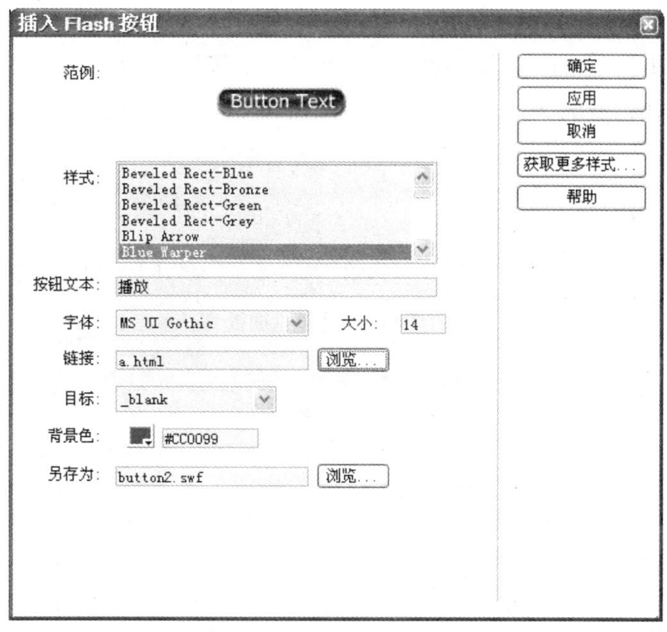

图 7-45　插入 Flash 按钮对话框

步骤 2：在图 7-45 所示的对话框中，进行 Flash 按钮的各项属性的设置，完成后，单击“确定”按钮，在网页中就插入了 Flash 按钮。

步骤 3：按 F12 键或选中 Flash 按钮后单击“属性”面板中的播放按钮，可以观看所插入的 Flash 按钮的动态效果。

步骤 4：如果要修改 Flash 按钮的样式，可以双击插入的 Flash 按钮，或单击其“属性”面板上的“编辑”按钮，可以重新进行编辑。

7.5.8　实验八 Dreamweaver 中超链接的应用

一、实验目的

通过此实验掌握在网页中设置文本超链接，图像超链接及热区的超链接，掌握在长页面中创建锚记和锚记的链接，掌握邮件的链接。

二、实验内容

1. 文本超链接的建立与设置。
2. 图像超链接的建立与设置。
3. 热区的建立与设置。
4. 锚记的建立与使用。
5. 邮件链接的建立。

三、实验过程

1. 文本超链接的建立与设置

步骤 1：选中想要建立链接的文本。

步骤 2：在窗口下方的文本属性面板中，单击“链接”文本框后面黄色的文件夹图标，如图 7-46 所示，在打开的如图 7-47 所示的对话框中，选中相应的网页文件就完成了链接设置。

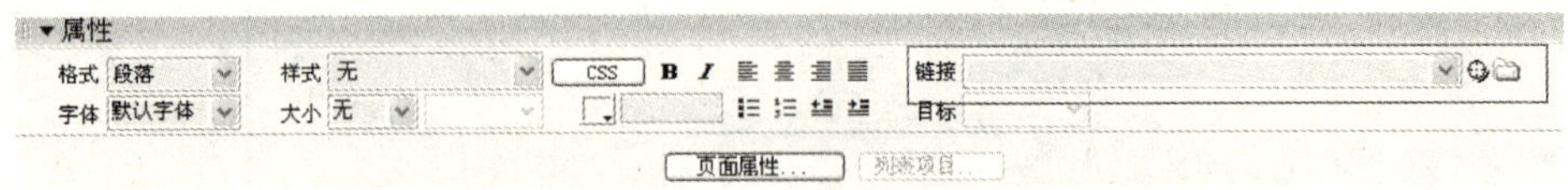

图 7-46　文本属性面板

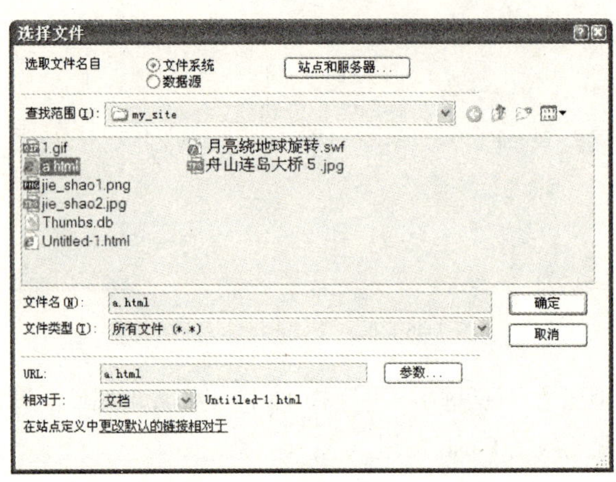

图 7-47　选择文件对话框

步骤 3：按 F12 键预览网页。在打开的网页中将光标移动到超链接的地方就会变成小手形状。

2. 图像超链接的建立与设置

步骤 1：选中想要建立链接的图像。

步骤 2：在窗口下方的图像属性面板中单击“链接”后文本框右边黄色的文件夹图标，如图 7-48 所示，在打开的如图 7-47 所示的对话框中，选中相应的网页文件就完成了链接设置。

图 7-48　图像属性面板

3. 热区的建立与设置

热区链接是一种以图像为载体的超链接，在一幅图片中可以建立多个超链接。

步骤 1：在网页中导入一幅图像，并将其选中，如图 7-49 所示。

步骤 2：绘制热区。在窗口下方的“属性”面板中显示了热区绘制工具，包括绘制矩形工具、椭圆形绘制工具、多边形绘制工具，单击绘制工具，在相应的位置用鼠标拖动画出一块块区域，如图 7-49 所示。

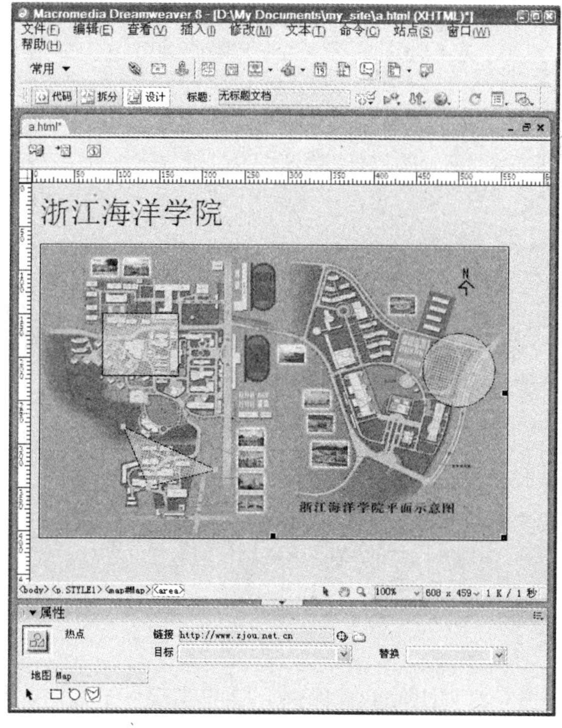

图 7-49　在图形上创建多个热区

步骤 3：建立热区链接。热区创建好之后，在如图 7-49 所示的窗口下方显示的属性面板中，在“链接”后的文本框中输入要链接的网址，在“替换”文本框中输入图形热区替换文本，热区的链接就设置好了。

4. 锚记的建立与使用

在网页中的内容很多的情况下，页面就会变得非常长，浏览者要不停拖动滚动条来浏览网页。为了便于浏览可以在网页中创建一个目录，浏览者单击目录上的项目就能跳到网页中相应的位置。利用锚记链接就可以实现直接链接到网页上的任意一个指定点。

步骤 1：添加锚点。把光标置于想要设置锚记的地方，选择“插入”|“命名锚记”菜单命令，弹出“命名锚记”对话框，如图 7-50 所示。

图 7-50　“命名锚记”对话框

步骤 2：在“锚记名称”文本框中输入锚记的名称，如 mao，单击“确定”按钮，在网页插入锚记的位置上就会出现命名锚记图标，如图 7-51 所示。

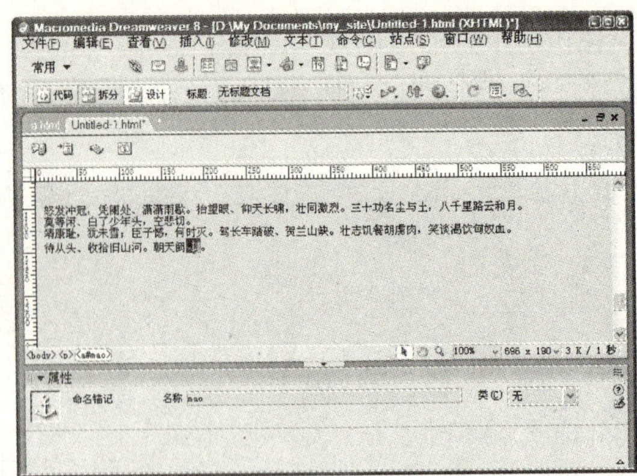

图 7-51　插入的命名锚记

步骤 3：锚记链接。选中欲进行锚记链接的文字，在“属性”面板的“链接”文本框中输入“#mao”锚记链接地址即可，如图 7-52 所示。

图 7-52　文本属性面板

5. 邮件链接的建立

邮件链接指向一个电子邮件(E-mail)信箱上，当单击邮件链接时，将打开计算机上与浏览器相关的邮件软件，给链接目标发送邮件。在网页上创建邮件链接，能方便用户反馈意见。

步骤 1：选中需要创建邮件链接的文本或图像。

步骤 2：在“属性”面板上的“链接”文本框中输入邮件的接收地址，如图 7-53 所示。

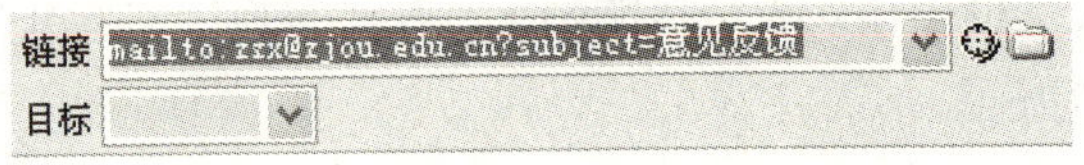

图 7-53　属性面板设置邮件链接地址

步骤 3：保存网页按 F12 键预览，单击网页上的邮件链接，可以自动打开默认邮件客户端，并且已经填好了收件人的地址，如图 7-54 所示。

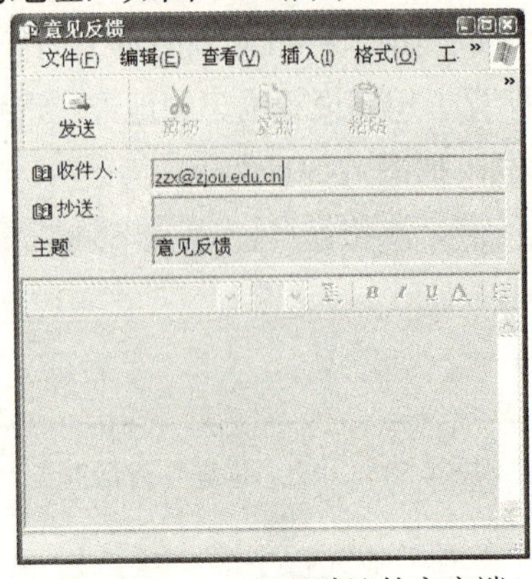

图 7-54　打开默认的客户端

7.5.9　实验九 页面布局设计

一、实验目的

通过此实验掌握页面属性的设置，掌握利用表格布局页面，了解层的使用。

二、实验内容

1. 设置页面属性。
2. 利用表格布局页面。
3. 层的使用。

三、实验过程

1. 设置页面属性。

在进行网页设计前，设置页面文字的字体、页面背景及链接文本的格式等页面属性是必要的工作之一，在 Dreamweaver 8.0 的主窗口中，选择菜单“修改”|“页面属性”命令，就可以打开“页面属性”对话框，利用该对话框可以设置“外观”、“链接”、“标题”、“标题/编码”和“跟踪图像”等页面属性。

步骤 1：设置外观。通过“外观”属性窗口，可以设置页面字体的字形、大小、颜色和页边距等信息，设置页边距功能主要是用于设置网页四周空白区域的宽度和高度，即网页距离浏览器四周边框的距离。在“背景图像”选项下还有一个“重复”下拉列表，主要用于设置背景图像在页面中的显示方式，共有“不重复”、“重复”、“横向重复”和“纵向重复”等 4 种方式，如图 7-55 所示。

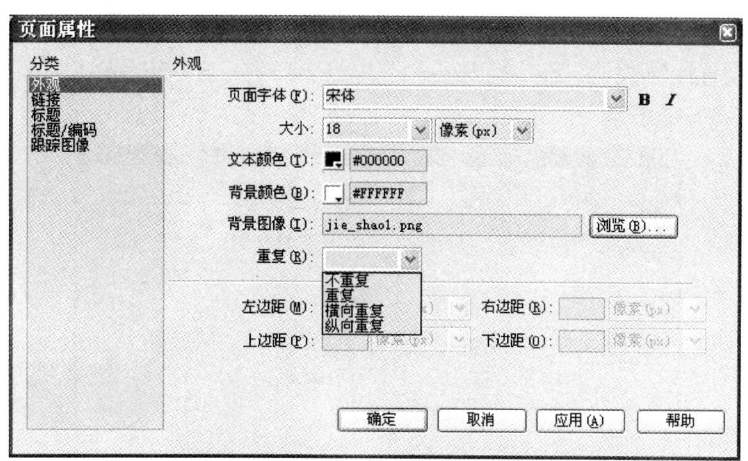

图 7-55　“外观”选项属性窗口

步骤 2：设置链接。“链接”属性窗口主要是进行与页面链接效果相关的各种设置，针对链接文字的字体、大小、颜色和样式属性进行设置，如图 7-56 所示。

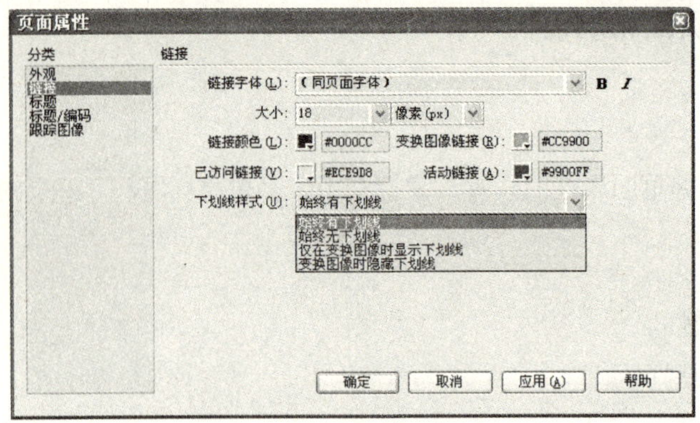

图 7-56　“链接”选项属性窗口

步骤 3：设置标题。在“页面属性”窗口左侧的“分类”列表框中选择“标题”选项，在右侧显示的是与标题相关的各种属性设置，其中“标题字体”是定义标题文字的字体，“标题 1”～“标题 6”分别是针对 1~6 级标题文字的字号和颜色，如图 7-57 所示。

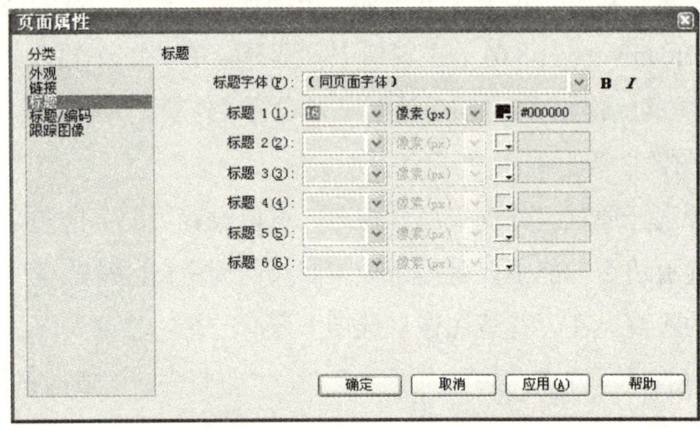

图 7-57　“标题”选项属性窗口

步骤 4：设置标题/编码。在“标题/编码”属性窗口中，可以设置网页的标题、文字和编码等内容，如图 7-58 所示。

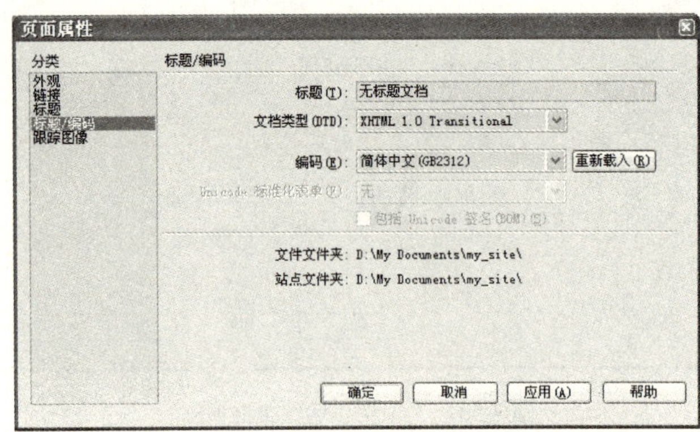

图 7-58　“标题/编码”选项属性窗口

步骤 5：设置跟踪图像。对于网页初学者，在制作网页时可能需要一些辅助参考，如模仿他人的网页版面或者创意，有时需要用绘图工具绘制网页草图，相当于用设计网页打草稿。

Dreamweaver 8.0 可以将这种设计草图设置成跟踪图像，铺在网页的下面作为背景，用于引导网页的设计。在打开的“页面属性”对话框中，单击“分类”列表中的“跟踪图像”，在右侧的选项中单击“浏览文件”按钮，选择需要打开的图像，并将透明度调至合适的数值，如图 7-59 所示。

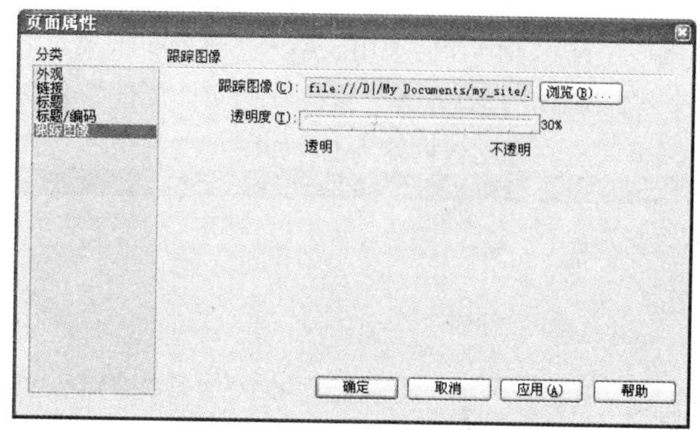

图 7-59　跟踪图像选项属性窗口

步骤 6：单击“确定”按钮返回，如图 7-60 所示。

图 7-60　跟踪图像的页面效果

步骤 7：如果需要调整跟踪图像所在的位置，可以选择“查看”|“跟踪图像”|“调整位置”命令，打开“调整跟踪图像位置”对话框，然后通过方向键就可以移动跟踪图像，也可以直接输入坐标值，如图 7-61 所示。

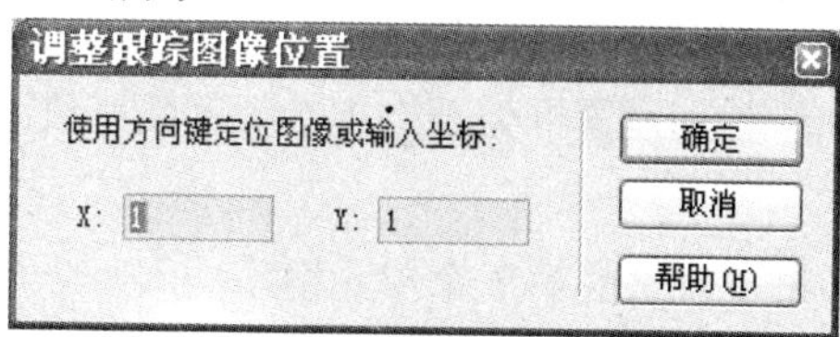

图 7-61　“调整跟踪图像位置”对话框

2. 利用表格布局页面

在网页制作过程中，表格是最常用的布局工具之一，也是网页排版的灵魂，几乎所有的网站都或多或少地使用表格，利用表格提供的增加/删除行与列，以及合并与拆分单元格命令，再结合嵌套表格的使用，可以使网页设计者对网页元素进行更合理有效的控制。此实验通过一个简单布局制作实例，使读者了解如何使用表格来搭建网页框架。

步骤 1：新建一个网页文档，选择菜单“修改”|“页面属性”命令，打开“页面属性”对话框，设置页面上、下、左、右的边框均为 0，如图 7-62 所示。

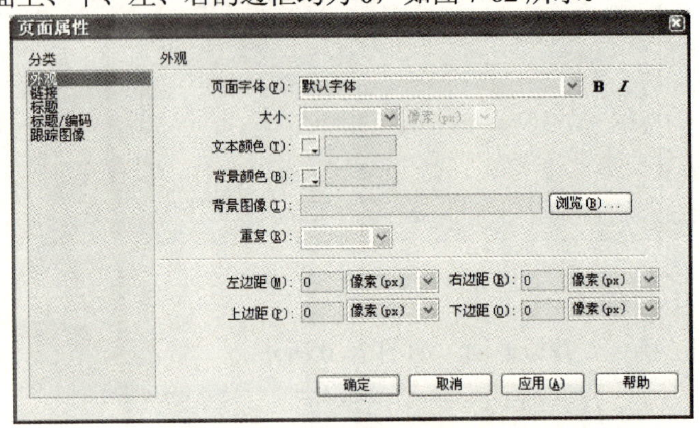

图 7-62　设置页面边距

步骤 2：选择菜单“插入”|“表格”命令，打开“表格”对话框，插入一个 5 行 1 列的表格，宽度设置为 778 像素，边框、单元格边距及间距均为 0，单击“确定”按钮返回，如图 7-63 所示，设置该表格为“框架表格”。

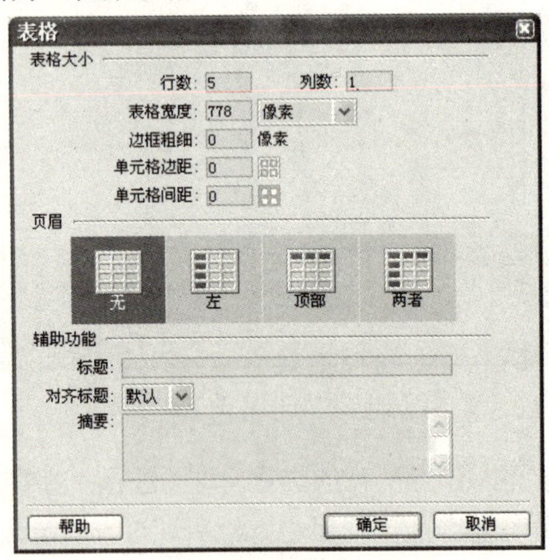

图 7-63　插入表格

步骤 3：　在“属性”面板分别设置框架表格 1~5 行的高度依次为 80 像素、20 像素、400 像素、60 像素和 30 像素。

步骤 4：将光标定位在框架表格的第 1 个单元格，插入一个 1 行 2 列的表格，并设置高度为 80 像素，两列的宽度分别为 180 像素和 598 像素。两例分别用来存放网站 Logo 和网站 Banner，如图 7-64 所示。

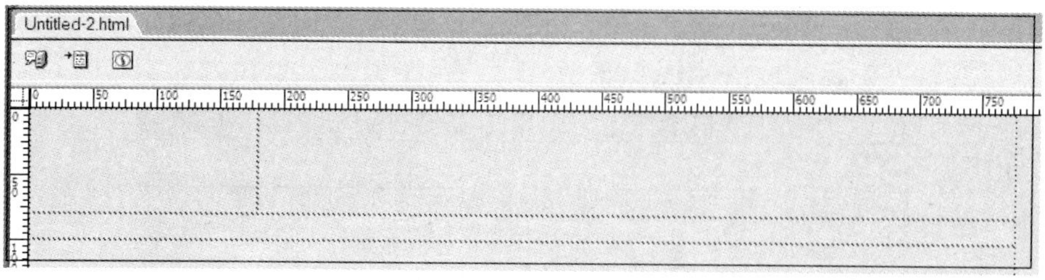

图 7-64　表格属性的设置

步骤 5：将光标定位在框架表格的第 2 行，插入一个 1 行 6 列的表格，并在表格的属性面板中设置表格高度为 20 像素，宽度为 778 像素，间距为 1 像素，用来设置导航栏，称该表格为“导航表格”。

步骤 6：将光标定位在框架表格的第 3 行，单击属性面板中的“拆分单元格”按钮，将该单元格拆分为 2 列，并通过属性面板设置第 1 列列宽为 180 像素，第 2 列列宽为 598 像素，结果如图 7-65 所示。

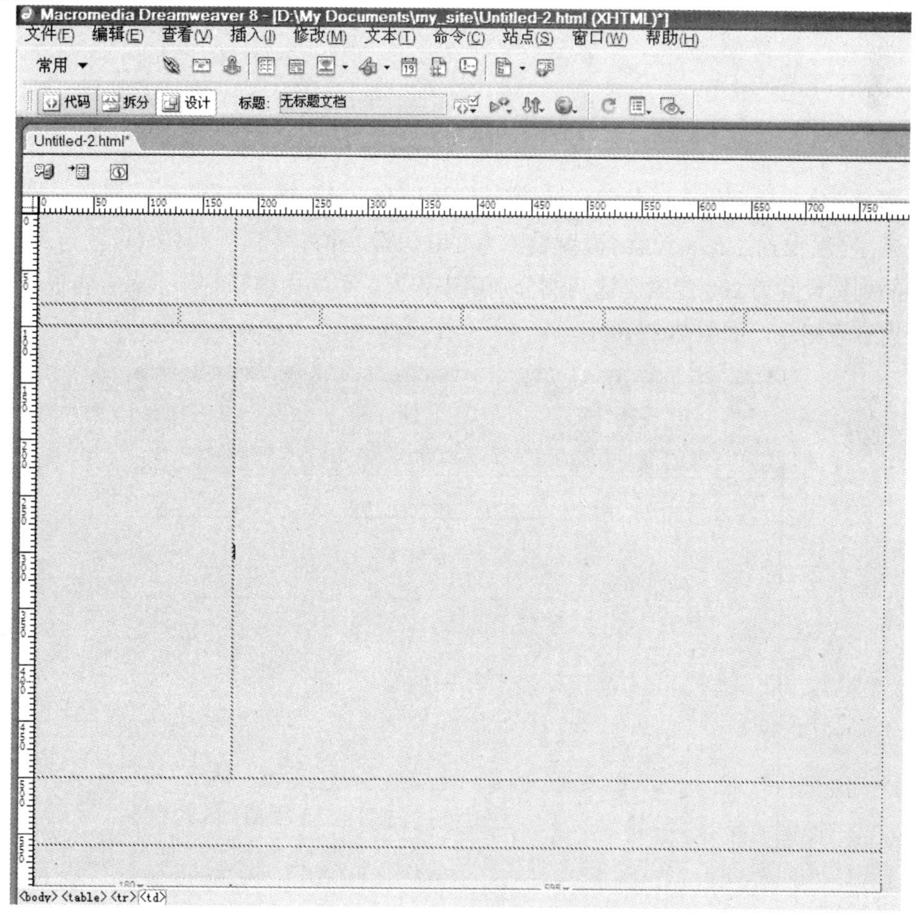

图 7-65　拆分单元格后的效果

步骤 7：将光标定位在拆分后的第 2 个单元格中，再次拆分该单元格，将其拆分为 2 行，并设置第 1 行行高为 270 像素，第 2 行行高为 130 像素，如图 7-66 所示。

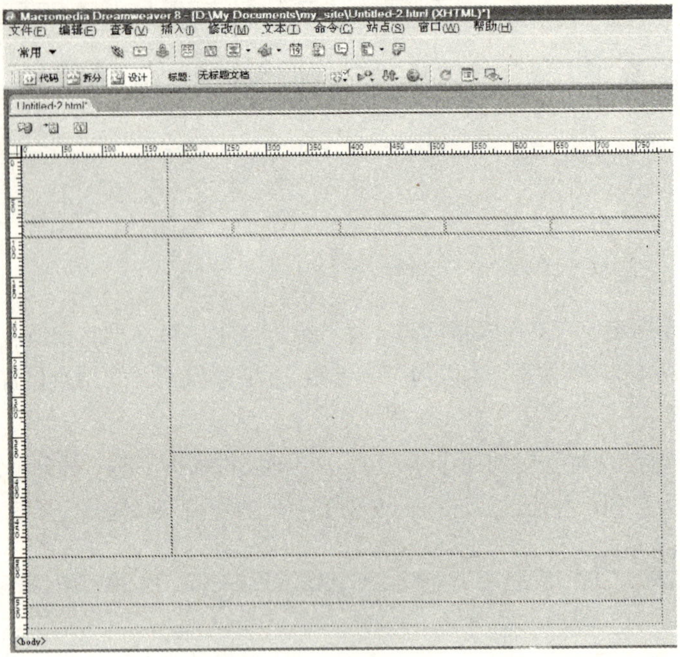

图 7-66　拆分并设置单元格

步骤 8：将光标定位在拆分单元格的第 1 行(即高度为 270 像素的行)，插入一个 1 行 2 列的表格，宽度设置为 598 像素，高度设置为 270 像素，并将第 1 列的列宽设置为 398 像素，第 2 列的列宽设置为 200 像素。这两例分别用来输入首页的内容和制作信息公告板，称该表格为“内容表格”，如图 7-67 所示。

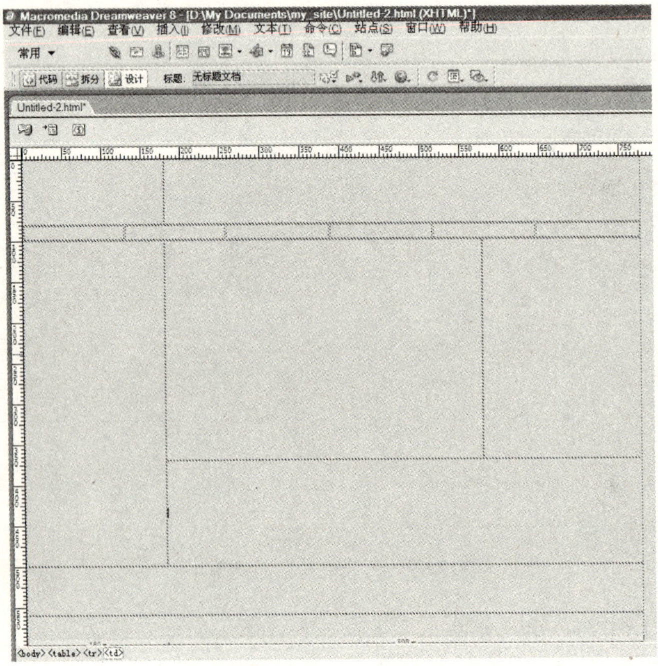

图 7-67　插入表格

步骤 9：将光标放置在内容表格右侧的单元格内，设置单元格的垂直对齐方式为“顶端对齐”，在其中插入一个 2 行 1 列的表格，表格宽度设置为 100%，第 1 行高度设为 20 像素，第 2 行高度设为 250 像素，用来制作信息公告，如图 7-68 所示。

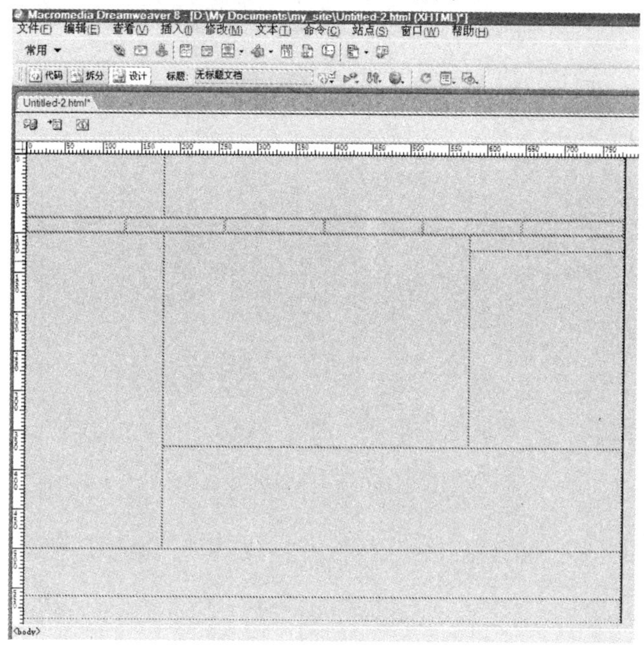

图 7-68　插入信息公告的表格

步骤 10：将光标定位在拆分单元格的第 2 行(即高度为 130 像素的行)，插入一个 2 行 4 列的表格，设置表格宽度为 598 像素，间距为 1 像素。第 1 行的高度为 110 像素，用来存放图片，第 2 行的高度设置为 20 像素，用来输入图像的文字说明，如图 7-69 所示。

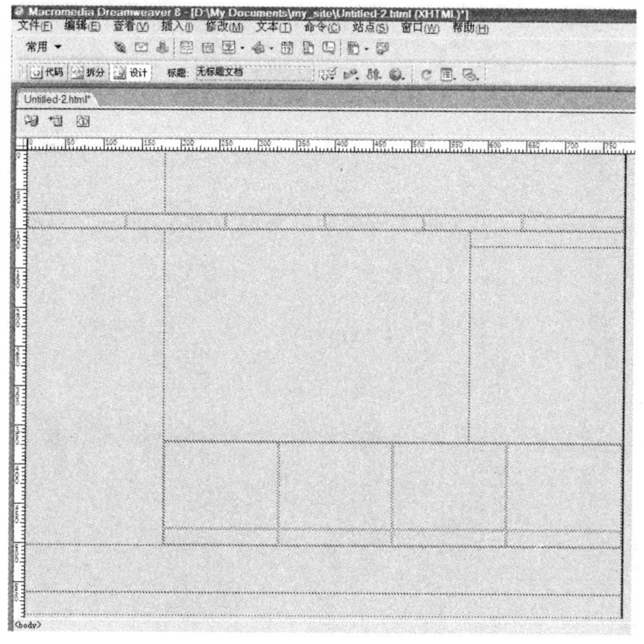

图 7-69　插入存放图片的表格

步骤 11：将光标定位在框架表格的第 4 行，插入一个 2 行 8 列的表格，表格宽度设置为 778 像素，高度设置为 60 像素，间距为 1 像素，用来加入“友情链接”的文字或图片，如图 7-70 所示。

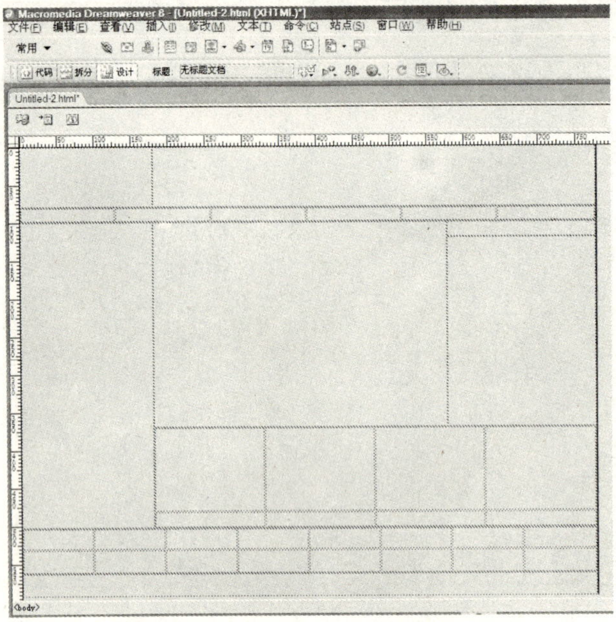

图 7-70　插入制作友情链接的表格

步骤 12：将光标放置在整个框架表格最左侧的单元格内，插入一个 4 行 1 列的表格，间距为 1 像素。并设置该表格第 1、3 行的高度为 20 像素，2、4 行的高度为 180 像素，用来制作专题区或者用户登录等内容，如图 7-71 所示。

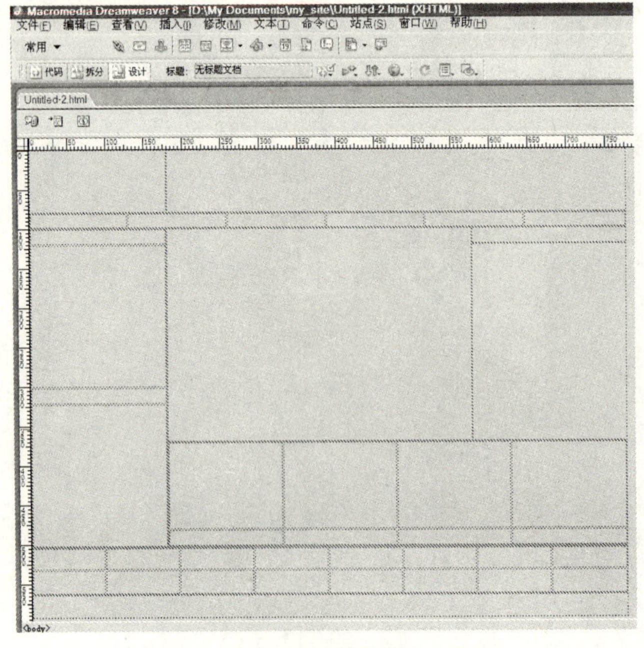

图 7-71　插入制作用户登录的表格

步骤 13：至此利用表格设计的页面框架已经完成，最终效果如图 7-72 所示。

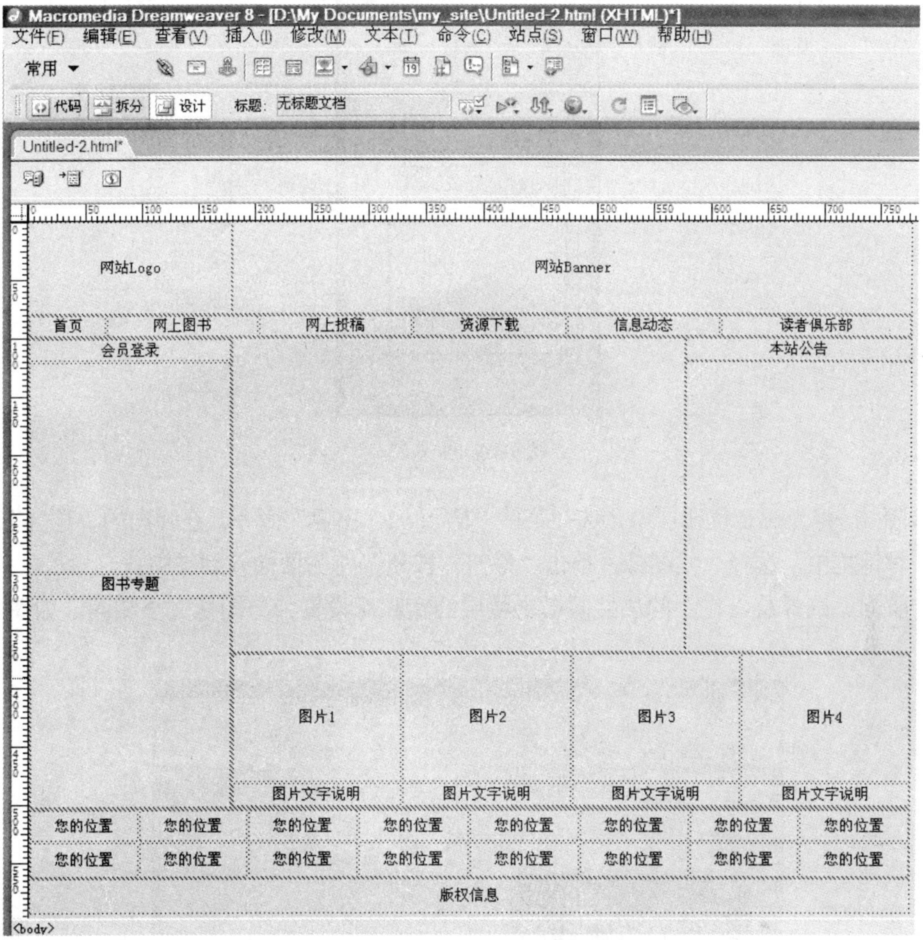

图 7-72　表格布局的最终效果

3. 层的应用

层是网页布局中非常重要的一个工具，相对于表格来说，层更具灵活性，可以弥补表格布局烦琐的定位操作。在层中可以放置文本、图像和动画等任何页面元素，利用它还可以精确地定位页面中元素的位置。

(1) 创建层

层最基本的作用是用来定位网页元素的位置。

步骤 1：打开一个网页文档，将“插入”工具栏切换到“布局”工具栏，如图 7-73 所示。

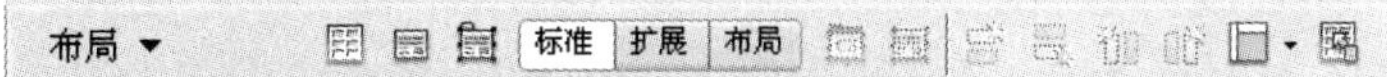

图 7-73　布局工具栏

步骤 2：单击工具栏上的“绘制层”按钮，鼠标在需要插入层的位置拖拽至合适大小，插入一个层，如图 7-74 所示。

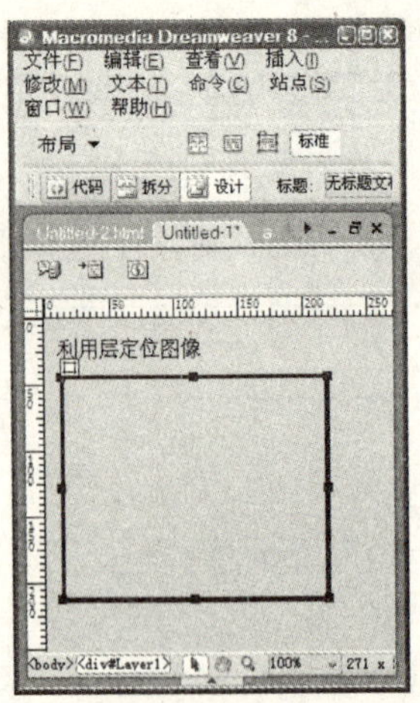

图 7-74　插入层

步骤 3：将光标定位在层中，选择菜单“插入”|“图像”命令，在弹出的“选择图像源文件”对话框中，选择一幅图像，单击“确定”按钮，将图像插入到层中。

步骤 4：选择层，在层的属性面板中将层的宽和高设置为与图像大小相同，如图 7-75 所示。

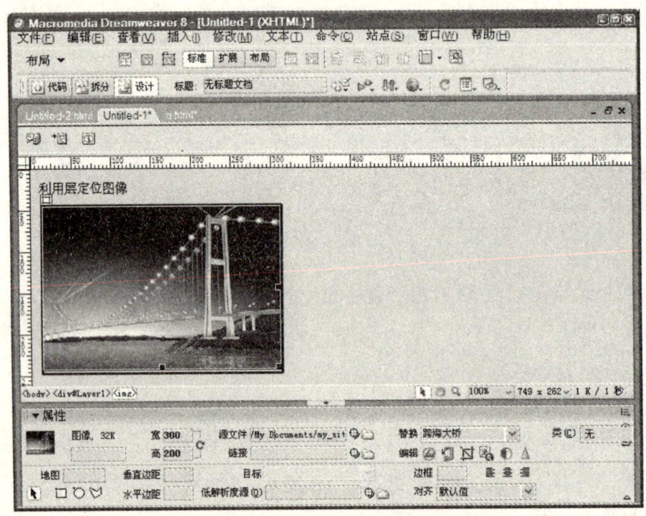

图 7-75　在层中插入图像

(2) 创建嵌套层

在表格中可以插入嵌套表格，同样在层中也可以插入子层，从而形成嵌套关系，通过嵌套层可以把多个层组合成一个整体。

步骤 1：打开一个网页文档，将光标定位在需要创建层的位置，选择菜单“插入”|“布局对象”|“层”命令，在文档中即会生成一个名为 Layer1 的层。

步骤 2：在层中单击，将光标定位在该层中。

步骤 3：再次选择菜单“插入”|“布局对象”|“层”命令，就会在该层插入一个名为 Layer2 的新层，如图 7-76 所示。

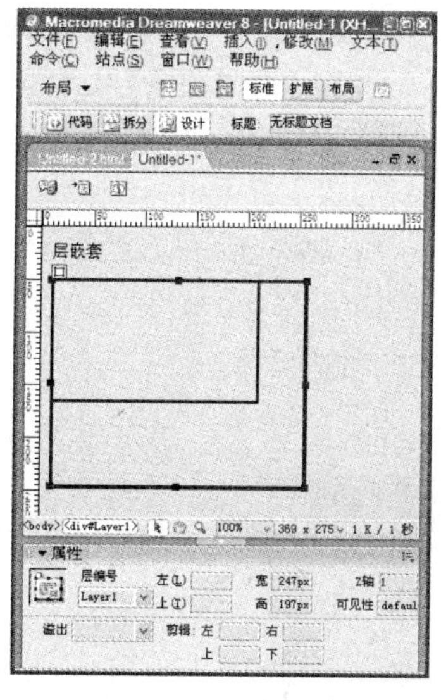

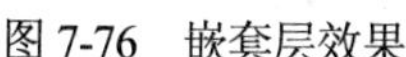

图 7-76　嵌套层效果

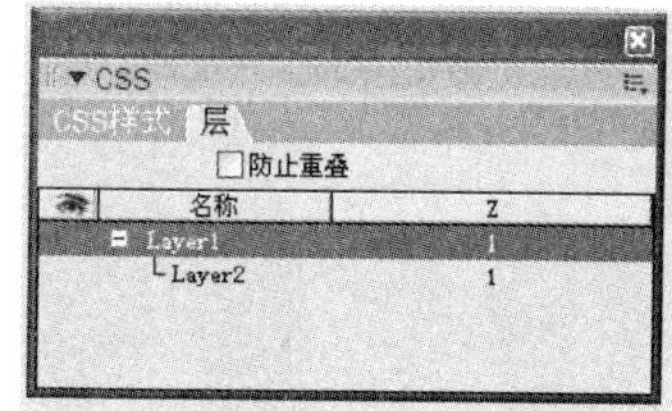

图 7-77　层面板

步骤 4：单击 Layer2 层的边框，移动一下位置，可以将两个层错开一点距离，选择 Layer1 并移动一段距离，可以发现 Layer2 也会跟着移动。

步骤 5：选择菜单“窗口”|“层”命令，打开层面板，可以清楚地看到两个层的嵌套关系，如图 7-77 所示。

(3) 设置层背景

默认情况下，层是透明的，所以在浏览器中用户并不能看到层的存在。不过可以为层设置背景颜色和图像，这样就可以将层显示出来。

步骤 1：打开一个网页文档，并在其中创建 Layer1 和 Layer2 两个层，如图 7-78 所示。

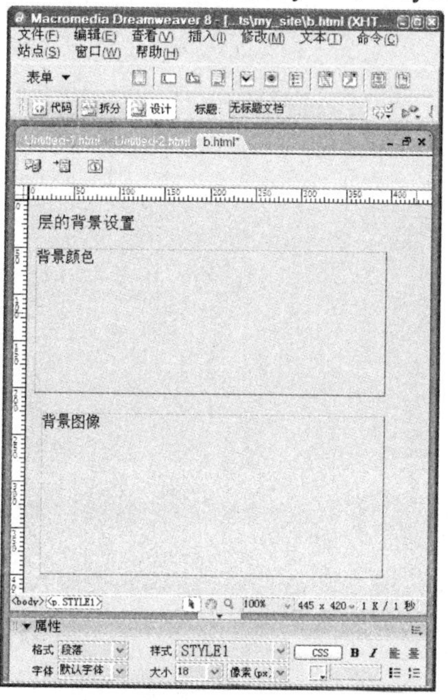

图 7-78　绘制层

步骤 2：单击层 Layer1 边框，在层属性面板的“背景颜色”项后输入“#3399FF”。

步骤 3：单击层 Layer2 的边框，在层属性面板中，单击“背景图像”文本框后的“浏览文件”按钮，在弹出的“选择图像源文件”对话框中选择一幅图像，单击“确定”按钮返回。

步骤 4：保存文件，按下 F12 键预览，如图 7-79 所示。

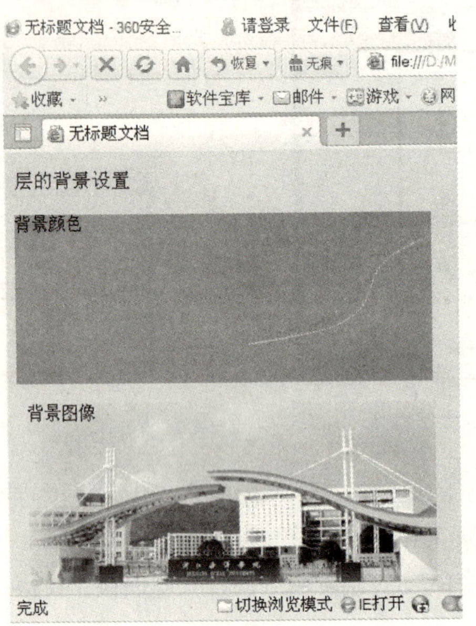

图 7-79　完成的层背景设置效果

在网页制作过程中，往往可以利用层或表格的背景图像功能，来实现在图像中输入文本。

第8章　Access关系型数据库管理系统

8.1　基本知识点

1. 数据库系统的相关概念

(1) 数据是指多种形式的事物描述符号，是信息的表示形式，它们都可以经过数字化后存入计算机。

(2) 数据库是长期存储在计算机外存中的，有组织的，可共享的数据集合。数据是数据库中存储的基本对象。

(3) 数据库管理系统(DBMS)是位于用户与操作系统之间的一层数据管理软件，其主要功能包括数据定义功能、数据操纵功能、数据库的运行管理、数据库的建立和维护功能。

(4) 引入数据库以后的计算机系统称为数据库系统，它提供对数据进行存储、管理、处理和维护等功能。数据库系统由以下几个部分组成：① 数据库；② 数据库管理系统；③ 计算机硬件及相关软件；④ 用户，包括数据库管理员(DBA)、应用系统开发人员、终端用户。

(5) 数据管理技术的产生与发展：使用计算机后，随着数据处理量的增长，产生了数据管理技术。数据管理技术的发展经历了 3 个阶段：人工管理阶段、文件系统阶段和数据库系统阶段。

2. 关系模型与关系型数据库

(1) 数据库中存储的数据是结构化的。这种结构化的数据必须按一定的数据模型进行组织、描述和储存。用于数据库的数据模型主要有：层次模型、网状模型、关系模型。

(2) 关系模型用由行、列组成的二维表来描述现实世界中的事物以及事物之间的联系。一个关系对应一张二维表，表名即为关系名；表中的每一行称为一个元组；表中的每一列称为一个属性，每个属性都有属性名。

(3) 关系模型的特点如下：① 关系中的每一个属性都是不可再分的基本数据元素；② 关系中的每一个元组都具有相同的形式；③ 关系模式中的属性个数是固定的，每一个属性都要命名，在同一个关系模式中，属性名不能重复；④ 任何两个元组都不相同；⑤ 属性的先后次序和元组的先后次序是无关紧要的。

(4) 关系有许多运算，其中 3 种基本运算是选择、投影和连接。

(5) 利用关系模型来组织数据的数据库就称为关系型数据库。Access 2003 是一种关系型数据库管理系统。在 Access 2003 中，属性、元组和关系分别被叫做字段、记录和表。

(6) 一般来说，在一个表中，总有一个字段或者几个字段的组合可以惟一地确定一个记录，这样的字段或字段组合称为候选键。候选键可能不止一个，可以从中选择一个作为主键。一个表的主键必须是唯一的、确定的、非空的。

(7) 在表 A 中，字段 X 不是主键，但是它是表 B 的主键，这时，称 X 是 A 表引用自表 B 的外键。外键的作用是表示事物实体之间的联系。外键的取值也是有约束的。一个表中的外键的取值要么取空值，要么取相应主键取值中的一个。

3. 数据库的创建

(1) 创建空数据库：① 选择菜单栏上的菜单项“文件”，然后在下拉菜单中选择菜单项“新建”；② 还可以用工具栏上的“新建”按钮创建数据库。

(2) 利用向导创建数据库：① 选择菜单栏上的菜单项“文件”，然后在下拉菜单中选择菜单项“新建”，在打开的“新建文件”任务窗格中选择“本机上的模板”选项，打开“模板”对话框，选择其中的一个示例数据库作为模板，单击“确定”按钮，就可以打开数据库向导，根据向导可以建立自己的数据库；② 还可以用工具栏上的“新建”按钮来打开数据库向导。

4. 表的创建和管理

(1) 表结构的设计包括以下几个内容：① 命名表；② 设计表中的字段；③ 为每一个字段命名；④ 为表设计一个主键(可选)。

(2) 在 Access 2003 数据库中，为了使得数据库有效地存储各种各样的数据，采用了以下 9 种字段的数据类型：文本、备注、数值、日期/时间、货币、自动编号、是/否、OLE 对象和超级链接。

(3) 表的创建：① 使用表设计器创建表；② 使用向导创建表；③ 通过输入数据创建表。

5. 表中数据的编辑

在数据库窗口中，在对象列中选择“表”，选定需要添加记录的表，单击“打开”按钮，打开表的浏览窗口。在其中，可以查看记录、添加记录、修改记录数据和删除记录。

6. 建立表间关联关系

(1) 主键的设置和删除。

(2) 索引是 SQL 查询语言必要的支持，也是表间建立关联的重要依据。索引对表中的数据提供了逻辑排序，可以提高数据的访问速度。

(3) 创建索引并设置索引的各项属性，包括索引名称、索引字段、排序次序和是否主索引、是否唯一索引、是否忽略空值。

(4) 表间关联关系的类型：① 一对一关系；② 一对多关系。

(5) 建立表间关联关系。

7. 创建数据查询

(1) 查询是用来从表中检索所需要的数据，以及对表中的数据加工的一种重要的数据库对象，它可以从一个或多个有关系的表中将满足要求的数据提取出来，并把这些数据显示在新的查询数据表中。

(2) 使用向导创建查询。

(3) 使用设计器创建查询。

8.2　重点和难点

1. 重点

(1) 理解数据库的有关概念。

(2) 掌握数据库的创建和基本操作。

(3) 掌握表的创建和基本操作。

(4) 熟悉表间关联的意义和创建。

(5) 掌握表数据查询的概念。

(6) 熟悉查询的创建和操作。

2. 难点

(1) 关系模型的概念。

(2) 索引的概念和创建。

(3) 表间关联的类型。

(4) 查询的概念和创建。

8.3　习　　题

8.3.1　单项选择题

1. 支持数据库各种操作的软件系统是________。
   A. 数据库管理系统　　B. 文件系统　　C. 数据库系统　　D. 操作系统
2. 在关系数据库中，用来表示事物与事物之间联系的是________。
   A. 层次结构　　B. 网状结构　　C. 链表结构　　D. 二维表格
3. 一个关系数据库的表中有多条记录，记录之间的相互关系是________。
   A. 前后顺序不能任意颠倒，一定要按照输入的顺序排列
   B. 前后顺序可以任意颠倒，不影响数据库中的数据关系
   C. 前后顺序可以任意颠倒，但是排列顺序不同，统计处理结果可能不同
   D. 前后顺序不能任意颠倒，一定要按照主键取值的顺序排列
4. Access 具有很多特点，下列叙述中，不是 Access 特点的是：________。
   A. Access 数据库可以保存多种数据类型，包括多媒体数据

B. Access 可以通过编写应用程序来操作数据库中的数据

C. Access 可以支持 Internet/Intranet 应用

D. Access 作为网状数据库模型支持客户机/服务器应用系统

5. 在 Access 中，表和数据库的关系是______。

A. 一个数据库可以包含多个表　　B. 一个表只能包含两个数据库

C. 一个表可以包含多个数据库　　D. 一个数据库只能包含一个表

6. 关系数据库管理系统能实现的专门关系运算包括____。

A. 排序、索引和统计　　B. 选择、投影和连接

C. 关联、更新和排序　　D. 显示、打印和制表

7. 下列叙述中正确的是：____。

A. 数据库系统是一个独立的系统，不需要操作系统的支持

B. 数据库设计是指设计数据库管理系统

C. 数据库技术的根本目标是要解决数据共享的问题

D. 数据库系统中，数据的物理结构必须与逻辑结构一致

8. 常见的数据模型有 3 种，它们是____。

A. 网状模型、关系模型和语义模型　　B. 层次模型、关系模型和网状模型

C. 环状模型、层次模型和关系模型　　D. 字段名、字段类型和记录

9. 用二维表来表示实体及实体之间联系的数据模型是____。

A. 实体—联系模型　　B. 层次模型　　C. 网状模型　　D. 关系模型

10. 数据模型反映的是____。

A. 事物本身的数据和相关事物之间的联系　　B. 事物本身所包含的数据

C. 记录中所包含的全部数据　　D. 记录本身的数据和相关关系

11. 不属于 Access 对象的是____。

A. 表　　B. 文件夹　　C. 窗体　　D. 查询

12. Access 数据库的各对象中，实际存放数据的地方只有____。

A. 表　　B. 查询　　C. 窗体　　D. 报表

13. 利用 Access 创建的数据库文件，其扩展名为____。

A. .adp　　B. .dbf　　C. .frm　　D. .mdb

14. 数据表中的“行”称为____。

A. 字段　　B. 数据　　C. 记录　　D. 数据视图

15. 下列关于空值的叙述中，错误的是____。

A. 空值表示字段还没有确定值　　B. Access 使用 NULL 来表示空值

C. 空值等同于空字符串　　D. 空值不等于数值 0

16. 使用表设计器定义表中字段时，不是必须设置的内容是____。

A. 字段名称　　B. 数据类型　　C. 说明　　D. 字段属性

17. 如果字段内容为声音文件，则该字段的数据类型应定义为____。

A. 文本　　B. 备注　　C. 超链接　　D. OLE 对象

18. 在 Access 中，查询的数据源可以是____。

A. 表　　B. 查询　　C. 表和查询　　D. 表、查询和报表

19. 下列关于查询的叙述，正确的一项是____。

A. 只能根据数据表创建查询　　B. 只能根据已建查询创建查询

C. 可以根据数据表和已建查询创建查询　　D. 不能根据已建查询建立查询

20. Access 支持的查询类型有____。

A. 选择查询、交叉表查询、参数查询、SQL 查询和操作查询

B. 基本查询、选择查询、参数查询、SQL 查询和操作查询

C. 多表查询、单表查询、交叉表查询、参数查询和操作查询

D. 选择查询、统计查询、参数查询、SQL 查询和操作查询

8.3.2 填空题

1. 数据库是指按照一定的规则存储在计算机中的____的集合，它能被各种用户共享。

2. 在关系数据库中，用来表示实体之间联系的是______。

3. 关系中的属性或属性组合，其值能够惟一地标识一个元组，该属性或属性组合称为____。

4. 在关系数据库中，把数据表示成二维表，每一个二维表称为______。

5. 数据库的建立包括数据模式的建立和____数据。

6. 在 Access 中可以定义 3 种关键字，它们是自动编号、______和多字段。

7. 数据管理技术的发展经历了 3 个阶段：人工管理阶段、文件系统阶段和_______阶段。

8. 数据库用户包括____________、应用系统开发人员、终端用户。

9. ____是数据库中存储的基本对象。

10. 关系中的每一个____都是不可再分的基本数据元素。

11. Access 2003 是一种____型数据库管理系统(RDBMS)，它采用关系模型来组织、存储和管理数据。

12. 一个表的主键必须是____的、确定的、非空的。

13. 一个表中的____的取值要么取空值，要么取相应主键取值中的一个。

14. _________类型字段存放的是日期、时间或者是日期和时间的组合数据。

15. _____类型字段存放的是逻辑数据或者是只有两个值的字段数据。

16. Access 中创建表的方法包括使用________创建表、使用向导创建表和通过输入数据创建表。

17. ____对表中的数据提供了逻辑排序，可以提高数据的访问速度。

18. Access 中规定不能在_________类型和备注类型字段创建索引。

8.3.3 简答题

1. 数据管理技术的发展经历了哪 3 个阶段？

2. 数据库系统中常用哪 3 种数据模型？

3. 关系型数据库系统所采用的关系模型有哪些特点？

4. 名词解释：字段；记录；表；主键；外键。

5. Access 中用于字段定义的数据类型有哪些？

8.4　习题参考答案

8.4.1　单项选择题答案

1. A	2. D	3. B	4. D	5. A
6. B	7. C	8. B	9. D	10. A
11. B	12. A	13. D	14. C	15. C
16. C	17. D	18. C	19. C	20. A

8.4.2　填空题答案

1. 数据	2. 二维表格
3. 主键	4. 一个关系
5. 输入	6. 单字段
7. 数据库系统	8. 数据库管理员
9. 数据	10. 属性
11. 关系	12. 惟一
13. 外键	14. 日期/时间
15. 是/否	16. 表设计器
17. 索引	18. OLE 对象

8.4.3　简答题答案

(答案略。)

8.5　上机实验练习

8.5.1　实验一 创建数据库

一、实验目的

熟练掌握创建数据库的两种方法。

二、实验内容

1. 创建一个名为 mydb 的数据库，存放在 E:\mydata 中(该文件夹应该先行创建)。
2. 利用本机上的“订单”数据库模板创建一个名为 dingdan 的数据库，存放在 E:\mydata 中。

3. 比较前两题建立的数据库有什么不同。

8.5.2　实验二 创建数据表

一、实验目的

熟练掌握创建表的 3 种方法。熟悉如何修改表结构和如何删除表。

二、实验内容

1. 创建一个名为 xsgl 的数据库，存放在 E:\mydata 中。
2. 在数据库 xsgl 中，利用表设计器创建表。该表应符合以下两个条件。
(1) 表名为 xs(学生基本情况表)。
(2) 表中各个字段的定义如表 8-1 所示。

表 8-1　各字段定义

字段名称	数据类型	字段大小	是否必填字段	备　注
xh	文本	9	是	学号
xm	文本	8	是	姓名
xb	文本	2	否	性别
csrq	日期/时间		否	出生日期
dyf	是/否		否	党员否
rxcj	数字	整型	是	入学成绩
jl	备注		否	简历
zp	OLE 对象		否	照片

3. 在数据库 xsgl 中，利用表向导(使用“供应商”表模板)创建一个名为 gys 的表。
4. 向表 xs 中增加一个名为 rxsj 的字段，用来存放学生的“入学时间”，数据类型为日期/时间型，并且该字段是必填字段。
5. 通过输入数据创建一个名为 student 的表，数据如表 8-2 所示。

表 8-2　student 表中的数据

学　号	姓　名	性　别	年　龄	专　业	家庭住址
200009412	庄小燕	女	24	计算机	上海市中山北路 12 号
200009415	洪波	男	25	计算机	青岛市解放路 105 号
200109102	肖辉	男	23	计算机	杭州市凤起路 111 号
200109103	柳嫣红	女	22	计算机	上海市邯郸路 1066 号
200307121	张正正	男	20	应用数学	上海市延安路 123 号
200307122	李丽	女	21	应用数学	杭州市解放路 56 号

6. 删除表 gys。
7. 将表 xs 重命名为 xuesheng。

8.5.3 实验三 数据表中数据的操作

一、实验目的

熟练掌握输入表数据、修改表数据和删除表数据的操作。

二、实验内容

1. 在表 xs 中插入一条记录，其学号为 070604101，姓名为黄艳春，性别为女，出生日期为 1987-2-14，不是党员，入学年份为 2007，入学成绩为 546，简历和照片暂时没有数据。
2. 将表 xs 中学号为 070604101 的学生的出生日期改为 1987-4-14。
3. 将表 xs 中所有学生的入学年份增加 1 年。
4. 删除表 xs 中学号为 070604101 的记录。

8.5.4 实验四 建立表间的关联关系

一、实验目的

熟悉创建索引的方法。熟悉删除索引的方法。了解各种索引的区别和作用，以及为什么索引能提高表数据的访问性能。

了解表间关联关系的类型。熟悉建立表间关联关系的方法。

二、实验内容

1. 在数据库 xsgl 中创建以下表。

(1) 表名为 kc(课程情况表)。

(2) 表中各个字段的定义如表 8-3 所示。

表 8-3 各字段定义

字段名称	数据类型	长　度	是否必填字段	备　注
kch	文本	4	是	课程号
kcm	文本	20	否	课程名
xss	数字	整型	否	学时数
xf	数字	整型	否	学分

2. 在数据库 xsgl 中创建以下表。

(1) 表名为 xk(学生选课情况表)。

(2) 表中各个字段的定义如表 8-4 所示。

表 8-4 各字段定义

字段名称	数据类型	字段大小	是否必填字段	备　注
xh	文本	9	是	学号
kch	文本	4	是	课程号
cj	数字	整型	否	成绩

3. 把表 xs 的字段 xh 设置为主键。

4. 在表 kc 上创建基于字段 kch 的升序索引，并设置其为惟一索引。

5. 在表 xk 上创建基于字段 kch 的升序索引和基于字段 xh 的升序索引(两个都是普通索引)。

6. 创建表 xs、kc 和 xk 之间的关联关系。在表 kc 上创建基于字段 kch 的升序索引，并设置其为惟一索引。

8.5.5 实验五 创建查询

一、实验目的

熟悉创建查询的简单方法。

二、实验内容

1. 利用简单查询向导在表 xs 上创建一个名为 xscx 的查询，要求显示学生的学号、姓名、性别和入学成绩。

2. 利用查询设计器在表 xs 上创建一个名为 xbcjcx 的查询，要求检索出所有入学成绩在 480 分以上(包括 480 分)的男生的学号、姓名、性别和入学成绩。

第9章　微机的组装与维护

9.1　基本知识点

1. 微机的基本配置

(1) 微机系统的组成结构

微机系统的组成包括硬件和软件。计算机的硬件系统是指构成计算机的所有实体部件的集合，通常这些部件由电子元件、机械构件等物理部件组成。计算机系统的功能和性能很大程度上受到软件的影响，微机配置的基本软件有操作系统、办公软件、杀毒软件、多媒体播放器等。

(2) CPU

CPU 的性能指标有：字长、核心数、CPU 频率、工作电压、快速缓存、支持的扩展指令集、生产工艺技术等。CPU 的插座规范可分为 Socket 和 Slot 两大架构。目前市场上的 CPU 以 Intel 和 AMD 的为主。

(3) 主板

主板是微机的“心脏”。主板可分为整合型主板和非整合型主板。构成主板电路的核心是主板芯片组，其他组成还有：CPU 插座、内存插槽、硬盘和光驱插槽、PCI 插槽、PCI-E 插槽、ATX 电源插口、基本输入/输出系统(BIOS)、后面板 I/O 接口、系统控制面板插针、CMOS 芯片、CMOS 芯片电源。

(4) 内存条

微机中动态存储器主要采用同步动态存储器 SDRAM(Synchronous Dynamic RAM)和双速率 DDR SDRAM(Double Data Rate SDRAM)内存储器。RDRAM(Rambus DRAM)是另一种性能更高、速度更快的内存。

(5) 显示接口卡

显卡和 CPU 一样在硬件系统中占有举足轻重的地位。图形处理芯片是显卡的最主要部件。决定显存品质的因素主要有以下几点：显存的品牌、种类、封装方式、速度和带宽。

(6) 显示器

显示器是微型机最基本的，也是必配的输出设备。现在有 CRT(阴极射线管显示器)、LCD(液晶显示器)和 POP(等离子显示器)3 种类型显示器。常用的是 CRT 和 LCD。

显示器的主要性能指标有：点距、像素和分辨率、刷新频率、显示器尺寸与显示面积、显示器的环保性能。

(7) 其他外设

其他外设包括：硬盘驱动器和光盘驱动器，机箱，声卡等。

2. 微机硬件组装

(1) 准备工作

安装前的准备工作：选择一个合适的操作台；准备好各种应用工具；厂家的使用手册及驱动程序；需要注意的一些事项；阅读主板说明书。

(2) 主机安装

① 安装 CPU

② 安装内存

③ 安装主板

④ 安装显卡、声卡等扩展卡

⑤ 安装硬盘

⑥ 安装光驱

⑦ 电源及前面板连接

(3) 主机与外部设备的连接

① 鼠标、键盘的连接

② 显示器的连接

③ 声卡与音箱

④ 主机电源的连接

(4) 通电初检

连接主机电源，若一切正常，系统将进行自检并报告显示卡型号、CPU 型号、内存数量和系统初始情况等。如果开机之后不能显示、死机，说明系统不能正常工作，应根据故障现象查找故障原因。检查的方法一般可采用“拔插法”。

(5) 拷机

拷机是让机器连续地运行一段较长的时间，可以对整机的稳定性以及各个配件之间的兼容性进行检测。

3. 主机配置和运行环境的设置(BIOS)

(1) 了解微机的 BIOS 和 CMOS

BIOS 是只读存储器基本输入/输出系统的简写，它实际上是被固化到计算机中的一组程序，为计算机提供最低级的、最直接的硬件控制； CMOS 是互补金属氧化物半导体的缩写。其本意是指制造大规模集成电路芯片用的一种技术或用这种技术制造出来的芯片。在这里通常是指微机主板上的一块可读写的 RAM 芯片。

(2) BIOS 的功能

① 自检及初始化

这部分负责启动计算机，具体有 3 个部分，第一个部分是用于计算机刚接通电源时对硬件部分的检测，也叫做加电自检(POST)，功能是检查计算机是否良好。第二个部分是初始化，包括创建中断向量、设置寄存器、对一些外部设备进行初始化和检测等，其中很重要的一部分是 BIOS 设置，主要是对硬件设置的一些参数。最后一个部分是引导程序，功能是引导 DOS

或其他操作系统。

② 程序服务处理和硬件中断处理

程序服务处理程序主要是为应用程序和操作系统服务，这些服务主要与输入输出设备有关，如读磁盘、文件输出到打印机等。

BIOS 的服务功能是通过调用中断服务程序来实现的，这些服务分为很多组，每组有一个专门的中断。每一组又根据具体功能细分为不同的服务号。应用程序需要使用哪些外设、进行什么操作只需要在程序中用相应的指令说明即可，无需直接控制。

(3) BIOS 的种类

常见的 BIOS 主要有 5 种。

(4) 主板的 BIOS 设置

微机上常见的 BIOS 主要有 Award BIOS、AMI BIOS、Phoenix 和 MR BIOS 这 4 种。以前两种较为常见。进入 BIOS 设置程序的方法是：计算机加电后，系统将会开始 POST(加电自检)过程，按 Del 键或同时按下 Ctrl+Alt+Esc 键。

BIOS 设置的内容包括：标准 CMOS 设定；高级 BIOS 特性设置；高级芯片组特征；电源管理设置；PNP/PCI 配置；集成外设端口设置；PC 健康状态；频率和电压控制；设定管理员/用户密码；载入故障安全/优化默认值；保存/退出设置。

4. 微机的软件安装

一台新计算机安装软件的过程大致如下。

(1) 硬盘分区

在硬盘使用前一般都要把硬盘进行工作区划分，把一个物理空间分成若干逻辑空间，并给每个逻辑空间分配一逻辑盘号，如 C 盘，D 盘等，这样有利于文件的管理。

(2) 格式化硬盘

硬盘分区后，必须对硬盘进行高级格式化操作，这样硬盘才能正常使用并启动系统。格式化硬盘可以通过 Windows XP 操作系统中的磁盘工具完成。

(3) Windows 操作系统的安装

(4) 常用硬件驱动程序的安装

驱动程序(Device Driver)全称为“设备驱动程序”，是一种可以使计算机和设备通信的特殊程序。它相当于硬件的接口，操作系统只能通过这个接口才能控制硬件设备的工作。

① 安装主板驱动程序

② 安装声卡、显卡、网卡等外设的驱动程序

安装驱动程序常用两种方法：一种是直接执行驱动程序的 Setup 或 Install 文件完成安装；另一种是手动安装。

(5) 安装应用程序

5. 微机常见故障及处理

(1) 计算机的日常保养

① 电脑对环境的要求：温度在常温环境下，即 10℃~45℃；湿度在 30%~80%的相对湿

度环境下；电脑应该在一个相对干净的环境中运行；电磁干扰要少；电脑在工作时，应有良好的地线的保护。

② 电脑的操作与使用要注意：不要频繁地开关机；每隔一定时间(如半年)应对电脑进行清洁处理；最好不要在电脑附近吸烟或吃东西；在增、删电脑的硬件设备时，必须要断掉与市电的连接后，并确认身体不带静电时，才可进行操作；电脑在加电之后，不应随意地移动和振动电脑。

③ 保护好硬盘及其上的数据。

(2) 常见故障分析及解决

微机发生的故障 70%是软故障。一旦微机发生故障，首先要考虑是否是软件故障，而在软故障中又要首先想到是否是病毒造成，清除病毒并证实软件没有问题，最后再查找硬件故障。

常见故障有：机器启动失败故障；Windows 中的蓝屏死机故障；硬盘常见故障；主板常见故障；内存常见故障。

9.2 重点与难点

1. 重点

(1) 微机的硬件连接方法。

(2) BIOS 设置。

(3) 硬盘分区方法。

(4) 硬件设备的安装。

2. 难点

故障分析及处理。

9.3 习　　题

9.3.1 填空题

1. 计算机的技术设计和工艺结构是根据各部件的________、使用概率、__________及工艺和物理构造划分的。

2. 计算机主频是指 CPU 的____________。

3. ______________是构成主板电路的核心。

4. ______________是通用串行总线的简称，它是一种新型号的外设接口标准。

5. 显存的种类主要有______________、______________和______________3 种。

6. 现在显示器市场常见的安全认证有 TCO92、TCO95、TCO99 和 MPRII，从认证的等级和全面性来看，________________是最高级的认证。

7. 决定硬盘速度的最大因素是______________。

8. 笔记本电脑中的 WiFi 是指__________。

9. 在早期的计算机中，硬盘与主板的数据线连接采用__________接口，当前的接口标准为___________。

10. 目前最常见的文件分配表是 FAT16、FAT32 和______________。

11. __________是一种可以使计算机和设备通信的特殊程序。

12. __________是从一个网络设备(如计算机)连接到另一个网络设备传递信息的介质，是网络的基本构件。

13. 双绞线分为_______________和_______________两种。

14. 要排除故障并进入 Windows XP 的高级启动选项，按________键。

15. 对一些安装了新软件或设置引起的冲突可进入______________模式排除。

16. 目前使用的内存条类型主要是______________。

17. 安装计算机前一定要将身上的______释放，它对计算机中的电子元件会造成损害。

18. CRT 显示器中，_____指屏幕上像素的数目；完成一帧所花时间的倒数叫垂直扫描频率，也叫_______。

19. Intel 系列的 CPU，主频＝_______________×_______________。

20. 安装操作系统时，CMOS 中的 virus warning 应设置为____，否则安装过程中会出现______现象。

9.3.2　判断正误题

1. Intel 芯片组的主板不可以搭配 AMD 的 CPU。　　( )

2. 在资源管理器中，显示有 C:、D:、E:及 F:驱动器，其中 F:是光盘驱动器，可以断定，机器中安装了 3 个硬盘。　　( )

3. 双核 CPU 是指电脑中有两个 CPU。　　( )

4. AT、ATX 电源都支持软关机。　　( )

5. 磁盘在进行读写之前，必须先进行寻道操作。　　( )

6. 新购的硬盘一般先分区之后才能使用。　　( )

7. 新购的硬盘必须先进行低级格式化之后才能使用。　　( )

8. Cache 的设置影响机器运行的稳定性。　　( )

9. FDD Controller Failure 表示硬盘控制器失效。　　( )

10. 显示器屏幕刷新速度越快，需要的显示内存越大。　　( )

11. USB 接口设备可以带电插拔。　　( )

12. FAT32 文件系统比 FAT 16 文件系统更能节省硬盘空间。　　( )

13. UPS 电源有后备式和在线式两种。　　( )

14. SDRAM 内存的性能优于 DDR 内存的性能。　　( )

15. 40 倍速光驱的速度是 40×150KB/S。　　( )

9.3.3　简答题

1. 当前 Intel CPU 的型号主要有 Core i3、Core i5、Core i7，请问它们的生产工艺如何，相比于以前的双核 CPU 主要有什么不同？

2. 一块主板的 CPU 插槽为 LGA 775，现有酷睿 2 E7500、酷睿 i3 2100、AMD 羿龙 II 几种 CPU 芯片，能够安装哪几种？

3. AGP 总线和 PCI 总线有何本质区别？

4. ATX 主板与 AT 主板相比，在哪些方面有较大变化？

5. 内部频率、外部频率、总线频率之间有什么区别和联系？

6. 说明 PC-100、PC-133、AGP2X、AGP4X 各代表什么含义？

7. 找一块主板. 说明它的 CPU 架构和结构，找出上面的 BIOS 芯片、芯片组、CMOS 芯片，并根据其芯片组型号说明主板的主要性能指标。

8. 研究某一具体主板的结构、功能，通过看主板说明书，了解主板物理结构及逻辑特性，如芯片组、总线、跳线、支持的 CPU 等。

9. PC 微机的最小配置有哪几部分？

10. 怎样得出的计算机性能指标才是可信的？

11. 组、拆装计算机时的注意事项有哪些？

12. 选择主板时，主板与 CPU 有什么关系？

13. 选购电脑时是否应该挑选性能最高的电脑？

14. 某硬盘的柱面数 1024，磁头数是 128，扇区数是 63，该硬盘容量是多少 GB？

15. 计算机显存的作用是什么？

16. 选购计算机后为什么要拷机？

17. 主板驱动程序的作用有哪些？

18. 一台新计算机安装软件的主要过程是什么？

19. 安装驱动程序的常用方法有哪几种？

20. 什么是 BIOS，什么是 CMOS，两者有何区别？

21. 计算机启动时依照 BIOS 的内容主要完成哪些功能？

22. 怎样消除 BIOS 中的开机口令？

23. 简述微机的组装过程。

24. 在 CPU 和主存之间安排 CACHE 的目的是什么？

25. 如果在打字时经常出现按下一个键，却键入了两个甚至三个字母，那么应该调整 CMOS 中哪一项设置？

26. 微机中有哪些地方用到缓存的原理来提高速度？

27. 主板上的并行接口已坏，应该怎样处理？

28. ALL_IN_ONE 主板上的显示器接口已坏，应该怎样处理？

29. 怎样正确连接微机中的数据信号线？

30. 屏幕上出现下面的提示信息表示什么，应该怎样处理？

General reading error in drive d:

Abort,Retry,Fail?

31. 按总线类型区分，显示卡分为哪几种，按显示速度从快到慢顺序排列出来。

32. 一台微机开机后软驱指示灯一直亮，是什么原因造成的?应如何解决?

33. 某些设备前面带有黄色的“！”号或“?”号，各表示什么含义?

34. 系统中原有一个硬盘，现要加装一个硬盘，如果两个硬盘共用一条信号电缆，该如何设置? 如果两硬盘分别使用各自的信号电缆，又应如何设置?

9.4　习题参考答案

9.4.1　填空题答案

1. 重要性、电气特性
2. 时钟频率
3. 主板芯片组
4. USB
5. SDRAM、DDR SDRAM、DDR SGRAM
6. TCO99
7. 转速
8. 无线宽带或无线网络
9. IDE，SATA
10. NTFS
11. 驱动程序
12. 网线
13. 屏蔽，非屏蔽
14. F8
15. 安全
16. DDR
17. 静电
18. 分辨率，刷新频率
19. 倍频，外频
20. Disabled，无法安装

9.4.2　判断正误题答案

1. √	2. ×	3. ×	4. ×	5. √
6. √	7. ×	8. ×	9. ×	10. ×
11. ×	12. √	13. √	14. ×	15. √

9.4.3　简答题答案

1. Intel Core i 系列的 CPU 当前的制作工艺已达到了 32 纳米级，其与以前的双核 CPU 如酷睿 2 双核 E7500 相比，最主要的区别是 CPU 内部总线结构的不同，也就是核心代号不一样。

2. 如果 CPU 插座为 LGA 775，则 Intel 的酷睿 2 系列 CPU 均可以安装，但不能安装酷睿 i 系列的 CPU；AMD 的 CPU 由于封装方式不同，不能安装于 LGA 775 插槽上。

3. AGP 总线在 3D 处理能力上面大大优于 PCI 总线。

4. AT 电源有自己独立的电源开关，其连线接到机箱前面板的电源开关按钮上。该电源主要输出 12V 和 5V 直流电压。ATX 电源支持先进的电源管理规范，它可以在 Windows95/NT 操作系统中执行“关机”命令后，将电源自动关闭，无须再另行关闭电源开关，因此 ATX 电源没有独立的电源开关。ATX 电源除输出 12V 和 5V 电压外，还提供 3V 电压，分别提供给不同的部件和设备使用。

5. 内部频率指 CPU 的工作频率。外部频率与总线频率都是指总线工作时的频率，是一个概念的两种称呼。内部频率等于外部频率与倍频的积。

6. PC-100 指数据传输率达到 100MHz，PC-133 指数据传输率达到 133MHz，AGP2X 是指 AGP 显卡的数据传输率为 2×266=533MB/S，AGP4X 的数据传输率为 1GB/S。

7. (答案略。)

8. (答案略。)

9. PC 机的最小配置有：主板、CPU、内存、显卡、硬盘、机箱、显示器、键盘、鼠标和操作系统。

10. 用可信的测试程序进行测试。

11. 注意事项如下。

(1) 在进行部件的连接时，一定要注意插头、插座的方向，一般它们都有防误插设施，如缺口、全角等。安装时要注意观察，避免出错。

(2) 在拔插器件、板卡时，要注意用力均匀，不要“粗暴”操作，但插接的插头、插座一定要到位，以保证接触可靠。不要抓住线缆拔插头，以免损伤线缆。

(3) 防止静电的危害。由于计算机中的器件大都是比较精密的电子集成电路，静电往往会对其造成损害。在安装前先消除身体上的静电，如用手摸一下水管、暖气管等接地良好的物体。如果条件允许，最好佩带防静电环。

(4) 在安装或拆卸任何部件前，要务必先关掉电源，若是 ATX 电源，则最好先拔出电源插头。

(5) 在拆卸过程中，要认真做好记录，关键接插点要做好标记以便装回时使用。

12. 选择主板时，主板的 CPU 插座的型号一定要与所要使用的 CPU 架构相一致。

13. 不一定。电脑的选购应根据此电脑将来的主要用途为依据，重点关注某一部件的性能，综合考虑性价比，选择一款最适合自己的电脑。

14. 容量为 1024×128×63×512/(1024×1024)=4000 GB。

15. 显存是显卡上的关键部件，是用来存储显卡 GPU(图形处理单元)所处理过或者将提取的渲染数据。

16. 拷机是让机器连续地运行一段较长的时间，可以对整机的稳定性以及各个配件之间的兼容性进行检测。对于品牌机来说，拷机则是一个必不可少的过程，在近乎残酷的环境下对机器进行高温老化测试，可以将各种质量问题消灭在出厂之前。对于每一个喜欢自己攒机的人来说，十分有必要认真做好这一步工作。

17. 主板驱动程序的作用主要有两点：一是让操作系统正确识别新推出的主板芯片组以充分应用；二是让操作系统支持新款芯片组所支持的新技术。

18. 一台新计算机安装软件的过程大致如下。

(1)硬盘分区；(2)硬盘各区高级格式化；(3)安装操作系统；(4)安装各硬件的驱动程序；(5)安装应用程序。

19. 安装驱动程序的方法有：直接执行驱动程序完成安装；手动安装。

20. BIOS，完整地说应该是 ROM-BIOS，是只读存储器基本输入/输出系统的简写，它实际上是被固化到计算机中的一组程序，为计算机提供最低级的、最直接的硬件控制。准确地说，BIOS 是硬件与软件程序之间的一个“转换器”或者说是接口(虽然它本身也只是一个程序)，负责解决硬件的即时需求，并按软件对硬件的操作要求具体执行。

CMOS 是互补金属氧化物半导体的缩写。其本意是指制造大规模集成电路芯片用的一种技术或用这种技术制造出来的芯片。在这里通常是指微机主板上的一块可读写的 RAM 芯片。它存储了微机系统的实时钟信息和硬件配置信息等，共计 128 个字节。系统在加电引导机器时，要读取 CMOS 信息，用来初始化机器各个部件的状态。它靠系统电源和后备电池来供电，系统掉电后其信息不会丢失。

由于 CMOS 与 BIOS 都跟微机系统设置密切相关，所以才有 CMOS 设置和 BIOS 设置的说法。CMOS RAM 是系统参数存放的地方，而 BIOS 中系统设置程序是完成参数设置的手段。因此，准确的说法应是通过 BIOS 设置程序对 CMOS 参数进行设置。而人们平常所说的 CMOS 设置和 BIOS 设置是其简化说法，也就在一定程度上造成了两个概念的混淆。

21. (1)自检及初始化；(2)程序服务处理和硬件中断处理。

22. 切断电源，打开机箱，在 BIOS 芯片的旁边有一跳线设置，拔出后插入放电位置，片刻后重新插回原位置。

23. 微机组装的核心是主机部分的组装，无论采用立式机箱还是卧式机箱，其组装方法基本相同，组装步骤如下。

(1) 摆放好全部配件，清理工作台面，将螺丝等小零件存放在容器内。

(2) 准备好机箱，打开机箱盖，检查并装好电源。

(3) 在主板上装好 CPU 芯片，需要安装风扇的 CPU 芯片要将风扇安装好。

(4) 在主板上装好内存条。

(5) 将主板跳线按说明书及实际配置跳接好。

(6) 将主板固定在机箱中。

(7) 将机箱电源电缆连接到主板上。

(8) 将机箱面板上的各种开关、指示灯接线连接到主板上的相应跳线插针上，连接好 CPU 风扇的电源线。

(9) 安装硬盘、光驱和软驱到机箱支架上。

(10) 连接软驱、硬盘和光驱的电源线插头。

(11) 连接软驱接口、DE 接口与软驱、硬盘、光驱之间的扁平信号电缆。

(12) 安装显示适配卡到主板上。

(13) 安装声卡、Modem 卡、网络适配卡到主板上(可选设备)。

(14) 连接串行、并行接口插件连线(ATX 结构无须进行此步骤)。

(15) 连接显示器的信号线和电源线。

(16) 分别连接键盘和鼠标到键盘接口和鼠标接口(PS/2)上。

(17) 做通电前的安全检查，确认一切操作无误，清除机箱内和工作台区域内多余的物品和工具等。

(18) 将主机的电源线插到交流电源插座上。

(19) 开机调试。

(20) BIOS 设置。

(21) 硬盘分区。

(22) 安装操作系统。

(23) 安装设备驱动程序。

(24) 安装应用软件。

24. 主存与 CPU 之间的 CACHE 主要使 CPU 与主存的速度匹配。

25. 调整 CMOS 中的 Typematic RateSetting(键入速率设定)。

26. CPU 中的缓存，CPU 与内存之间的缓存，接口卡上的缓存等。

27. 可以另插入一块多功能卡。

28. 外插入一块 PCI 接口的显卡。

29. 注意防差错设施，注意数据线的红边要对应接口或设备的 1 号位置，软驱接线中的反绞端要接软驱。

30. D 盘有误，可以对 D 盘作磁盘扫描，如果还不能修复，只能重新格式化 D 盘。

31. AGP，PCI，EISA，ISA 等。

32. 可能是软驱数据线接反了。解决方法是：关闭电源，调整过来。

33. “！”表示驱动程序有误，“？”表示该设备不能被认识。

34. 如是共用一条信号电缆，则要把原来的硬盘设置为主硬盘，第二个硬盘设置为从硬盘。如果分别使用各自的信号电缆，则都设置为主硬盘。

9.5　上机实验练习

9.5.1　实验一 主机的安装与连接

一、实验目的

1. 了解主板的整体布局、总线类型及各种接口的名称和使用方法。

2. 掌握 CPU 的识别及安装方法，了解 CPU 与主板的匹配情况。

3. 掌握内存条的识别及安装方法。

4. 学会读主板说明书并能根据说明书进行主板设置，学会主板的固定方法，掌握主板的跳线方法，掌握主板电源电缆的连接方法。

5. 掌握机箱接插件的连接方法。

6. 掌握软盘驱动器、硬盘、光驱及串、并行接口的安装和连接方法。

7. 认识常用的适配卡，如显示卡、声卡，掌握适配卡的安装和固定，学会声卡与光驱音频线的连接。

二、实验器材

主板一块，主板说明书一本，CPU 一块，CPU 风扇一只，内存条数条，机箱一只，软盘驱动器一个，硬盘一块(根据机箱情况选择硬盘固定架)，光驱一只、软驱电缆一根、硬盘电缆两根，串、并行接口插件一套(ATX 机箱不需要)，必备工具。

三、实验内容

1. CPU、内存的安装及主板跳线的设置

(1) 取出 CPU，观察其标注，记录其生产厂家、型号、主频、外频、倍频、供电电压等数据(如标注为 Pentium II/450，则厂家为 Intel、型号为奔腾二型、频率为 450MHz、外频为 100MHz、倍频为 4.5、电压为 2.0V)，如果 CPU 本身没有风扇(如赛扬、K6、MII 等)，则要准备好 CPU 风扇。

(2) 取出主板，观察主板的组成及布局。分清主板类型(Socket 7、Super 7、Socket 370、Slot 1 或其他)、总线类型，认识 BIOS、CMOS、KBBIOS、晶振、芯片组等部件，明确该主板应如何配置 CPU 及内存条。

(3) 对 ZIP 架构主板，找出主板上的 CPU 插座，将 ZIP 插座的扳手扳起，将 CPU 对准插座的方位轻轻插入插座，确保 CPU 所有的针脚都插入插座后，一手按住 CPU，一手将 ZIP 插座扳手扳下(扳下扳手时如果比较吃力，不能硬扳，应松开扳手，将 CPU 从插座上取下，重新安放后再扳)。

对 Slot 1 架构主板，先将 CPU 支架撑起，然后将 Pentium II、Pentium III 对准 CPU 插座的安装方位，顺侧支架将 CPU 插入支架，再将其均匀用力插入 CPU 插槽。

(4) 如果安装 DIMM 内存条，则至少需要准备两条内存条，而且必须成对安装。将内存条缺口一端与主板内存插槽有突起斜面一端对齐，斜放于槽中，然后水平推动内存条，使内存插槽上的卡子将内存条卡紧，注意观察内存条是否与插槽配合紧密，否则应将内存条取下重新安装。

按相同方法安装其他 DIMM 内存条，一个 BANK 中的内存插槽应插满内存条。

安装 SDRAM 内存条比较简单，将内存条对准 DIMM 的安装方位，双手均匀用力将内存条压入 DIMM 插槽，当插槽两边的固定卡将内存条完全卡住即完成安装。

(5) 取出主板说明书，查看其关于跳线部分的说明，按照说明书的要求. 将所有的跳线组均填写在跳线设置一览表中。依次对 CPU 供电电压、CPU 类型(厂家及型号)、外频、倍频、CMOS 写入等进行跳线设置; 安装 CPU 风扇，将 CPU 风扇电源线连接到主板上。按步骤(1)~步骤(5)仔细检查每一步操作，确保正确无误。

通读主板说明书，了解此主板有何特点，其性能指标有哪些。

2. 主板的固定和接插件的连接

(1) AT 结构主板和 AT 机箱

① 拆开机箱，取出机箱中的附件，将螺丝等小零件放入盖子或其他大口容器内。清点

塑料卡和带有螺纹的金属圆柱和螺丝(注意螺丝有粗、细螺纹两种)。

② 双手按在墙面或其他接地良好的物体上，释放掉身上的静电。

③ 将主板放入机箱，根据主板上安装孔的位置选择好机箱上对应的安装孔位置。

④ 将金属圆柱固定在主板上. 为保证主板的稳固，至少要固定两个金属圆柱。

⑤ 将塑料卡的尖头插在主板安装孔上(与金属圆柱对应的安装孔除外)，塑料卡的布局要合理，可以使主板的每个角都得到固定和支撑。

⑥ 将主板上的塑料卡对准机箱的位置安放好，并将主板向右(或左)移动，使主板固定在机箱上。

⑦ 将绝缘垫套在螺丝上，然后用螺丝将主板固定在螺柱上，用手移动主板，若主板没有丝毫松动时主板即固定好。

⑧ 在机箱电源输出插头中找出两个带有 6 个针脚的插头 P8、P9，插入主板电源接口。连接时 4 根接地黑线必须在中间(即 P8 和 P9 黑线靠黑线)。

⑨ 将机箱电源开关与电源相连(注意黑、白颜色的线不能在开关的同一侧，机箱电源上一般都带有连接说明)。

⑩ 根据主板说明书将机箱面板上的指示灯和按钮连线的接插件与主板上相对应的跳线一一对应连好。

(2) ATX 结构主板和 ATX 机箱

① 拆开机箱，取出机箱中的附件，将螺丝等小零件放入机盖或其他容器内。

② 将主板放入机箱，根据主板上安装孔的位置调整好机箱上对应的金属支撑圆柱的位置，将绝缘垫套在螺丝上，然后用螺丝将主板固定在机箱上，用手移动主板，若主板没有丝毫松动时主板即固定好。

③ 在机箱电源输出插头中找出一个带有 20 个针脚的插头，插入主板电源接口。

④ 将机箱电源按钮与主板的电源接口相连。

⑤ 根据主板说明书将机箱面板上的指示灯和按钮连线的接插件与主板上相对应的跳线一一对应连好。

3. 驱动器的安装与连接

(1) 将光驱跳线设置为主盘，固定在机箱 5.25 英寸设备支架上。

(2) 将软盘驱动器固定在机箱 3.5 英寸设备支架上，如果无法用螺丝固定另一侧，可将支架从机箱上卸下后再固定软驱。

(3) 取出硬盘，观察硬盘的主、从跳线状态，跳线应在主盘状态，否则应置新跳线。

(4) 将硬盘固定在机箱 3.5 英寸设备支架上(如果不能固定在 3.5 英寸支架上，应先将硬盘固定架固定在硬盘上后，将硬盘连同固定架固定在机箱 5.25 英寸设备支架上)。

(5) 将机箱电源上的电源插头分别连接在硬盘、光驱和软驱上。

(6) 将一条 IDE 信号电缆一端连接在硬盘上，另一端连接在主板的主 IDE 接口，注意电缆红边与 1 号插针相对应。

(7) 将另一条 IDE 信号电缆一端连接在光驱上，另一端连接在主板的从 IDE 接口，注意电缆红边与 1 号插针相对应。

(8) 将软驱信号电缆反扭一端的插头连接在软驱上，另一端连接到主板的软驱接口，注意电缆红边与 1 号插针相对应。

(9) 将串行接口和并行接口电缆连接在 AT 结构主板的相应接口上，注意电线红边与 1 号插针相对应，然后将接口板固定在机箱上(对 ATX 主板无须此步操作)。

4. 适配卡的安装

(1) 取出显示卡，辨别其总线方式，认识卡上的显示缓存。

(2) 打开机箱，将显示卡插入扩展槽内(ISA、VESA、PCI、ACP 等显示卡要插入其对应的扩展槽)。

(3) 依次将其他适配卡插入与其总线方式相匹配的扩展槽中，对同一总线的扩展槽可以任意选择，但应注意适配卡在各插槽中的位置应相对均衡，以利于散热。

(4) 适配卡的触脚应完全插入扩展槽，避免因接触不良造成故障。检查无误后，将适配卡用螺丝固定在机箱上。

(5) 将音频线一端连接到光驱的 Audio-Out 接口，另一端连接到声卡的 CD-IN 接口。

9.5.2　实验二 开机检测及 CMOS 设置

一、实验目的

1. 学会开机前的检查步骤，并能根据开机时的现象判断并排除简单故障。
2. 掌握开机时出现严重故障时的处理方法。
3. 掌握 CMOS 的基本设置方法。
4. 掌握面板上的按钮、指示灯的调整方法。

二、实验器材

安装并连接好的微机系统一套、镊子一把。

三、实验内容

1. 双手按在墙面或其他接地良好的物体上，释放掉身上的静电。

2. 按顺序检查主板电源、跳线是否正确，CPU 和内存条是否正确安装，硬盘、光驱和软驱的电源电缆、信号线是否正确连接，机箱内是否有遗落的螺丝、金属碎屑或其他物品。

3. 检查主机与显示器是否已正确连接，确保其电源开关已经关闭，将主机电源电缆插在电源插座上。

4. 接通显示器电源，再接通主机电源，注意观察主机有无异常现象，如有打火花、冒烟、焦糊味等现象产生，应立即切断电源，认真检查故障原因，确保找到并排除故障后才能再次开机。

5. 如果安装没有错误，显示器将正常显示。如果显示器没有任何显示，而电源确已接通，则可能是出现了致命性错误，请参阅相关章节进行检查排除。

6. 当屏幕显示“按 Del 键进入 BIOS 设置”时，按 Del 键可进入 BIOS 设置的 SETUP 程序(CMOS 设置)。

7. 进入标准 CMOS 设置(Stander BIOS Setup)，设置日期、时间、软驱型号等项。

8. 进入 BIOS 特征设置，将驱动顺序设为“A：C：”。

9. 进入 IDE 硬盘自动检测项，检测并设置硬盘参数。

10. 选择保存并退出设置。

11. 检查面板上的按钮和除硬盘指示灯以外的指示灯连接是否正确，如有错误可进行调整。

9.5.3　实验三 硬盘初始化与光驱驱动程序的安装

一、实验目的

1. 学会硬盘指示灯的调整方法。

2. 掌握硬盘分区和格式化的方法。

3. 学会 DOS 系统的安装。

4. 掌握光驱驱动程序的安装方法。

二、实验器材

安装并连接好的微机系统一套，DOS 6. 20 以上系统盘一套或 Windows XP 启动盘一张，光驱驱动程序盘一张。

三、实验内容

1. 将系统盘插入 A 软驱，接通主机电源(或重新启动)。

2. 如果启动的是 DOS 6.0，进入蓝色画面后，根据提示按 R 键退出安装程序(SETUP)。如果启动的是 Windows XP 启动盘，可以从启动菜单中选择某一项，启动成功后，系统显示 A：。

3. 键入 FDISK 对硬盘进行分区。

4. 分区完成后，键人 Format C:/S 对硬盘进行格式化并将系统文件传送到 C 盘。

5. 格式化结束后，启动计算机重新进入 SETUP 程序，按提示可将 DOS 系统装入硬盘(用 Windows XP 启动盘分区无须该步操作)。

6. 从软驱中取出软盘，重新启动微机，系统应从硬盘启动并在屏幕上显示 C:\。

7. 如系统不能正常启动，可根据现象及屏幕提示检查有关部件。

8. 用 DIR C:列硬盘文件目录，观察硬盘指示灯是否发光，否则进行检查并调整。

9. 将光驱驱动程序盘插入软驱，运行其安装程序(install 或 setup)，按提示安装即可。

10. 取出软盘，重新启动微机，屏幕应显示驱动程序的版本及安装成功的信息，并给出光驱的盘符(通常为 D:)。

11. 如光驱安装不成功，可重新启动微机，并按 F8 单步执行 CONFIG. SYS 和 AUTOEXEC. BAT 文件，观察系统提示，根据提示检查光驱或有关程序。

如果是采用 Windows 98 启动盘，可以忽略步骤 9～步骤 11，在启动菜单中选择“有光驱启动”项。

光驱安装成功后，将程序光盘放入光驱，熟悉光驱的使用方法。

9.5.4　实验四 软件的安装与设置

一、实验目的

1. 掌握 Windows XP 的安装方法。
2. 掌握显示卡、声卡等硬件设备在 Windows XP 下的设置。
3. 学会有问题的硬件设备的调整方法。
4. 学会即插即用和非即插即用设备的安装方法。
5. 进一步掌握硬件设备的调整方法。

二、实验器材

安装并连接好的微机系统；Windows 系统光盘，设备驱动程序。

三、实验内容

1. Windows 系统的安装和硬件设备的设置

(1) 启动系统(如果硬盘已安装好 DOS 系统和光驱驱动程序，可从硬盘驱动；若无法识别光驱，可以使用 Windows 的启动盘从软驱启动)。

(2) 将 Windows XP 系统光盘装入光驱，键入 SETUP 并回车。

(3) 安装 Windows 系统。

(4) 设置显示卡和声卡，使系统可以正常发声和正确识别显示卡。

(5) 对有冲突和问题的设备进行调整。

2. 新设备的添加和设置

(1) 准备好新硬件，并仔细阅读产品说明书。

(2) 关闭主机电源，打开机箱。

(3) 选择好合适的扩展槽，将扩展槽对应的挡板拆下来。

(4) 将适配卡插入扩展槽，用螺丝固定在机箱上。

(5) 将适配卡的连线接好。

(6) 检查无误后，打开显示器和主机电源。

(7) 系统启动后，即插即用型设备随即就可以被系统发现，并自动显示“添加新硬件向导”，根据提示安装驱动程序即可。

(8) 非即插即用型设备系统在启动时不能发现，需要通过选择“控制面板”中的“添加新硬件”选项，进行搜索。

(9) 如果安装的设备发生资源冲突，设备将无法正确使用，需要对该设备占用的系统资源进行调整。